제발돼라

148만 구독자를 보유한 생물 관찰 크리에이터예요. 사마귀, 벌, 나비 같은 곤충부터 포유류와 양서류까지 우리 주변에서 볼 수 있는 다양한 생물을 관찰하는 재미있고 유익한 콘텐츠를 만들고 있답니다. 제발돼라를 상징하는 '친구가 되는 과정' 시리즈는 각 곤충에 대한 풍부한 정보를 담고 있어, 곤충 탐구 길라잡이로 손색이 없다는 평을 듣고 있어요. 이제 유튜브 채널을 넘어 도서를 통해 생물에 대한 무한한 관심과 애정, 그리고 지식을 대중에게 알리고자 해요.

초판 1쇄 인쇄 2025년 1월 15일
초판 1쇄 발행 2025년 2월 5일

발행인 심정섭
편집인 안예남
편집팀장 이주희
편집 김정현, 김이슬
제작 정승헌
브랜드마케팅 김지선, 하서빈
출판마케팅 홍성현, 김호현
본문구성 정다예
디자인 design S

인쇄처 에스엠그린
발행처 ㈜서울문화사
등록일 1988년 2월 16일
등록번호 제2-484
주소 서울시 용산구 새창로 221-19
전화 02-799-9184(편집) | 02-791-0708(출판마케팅)

사진출처 셔터스톡 52쪽, 53쪽, 90쪽, 91쪽, 128쪽, 129쪽, 163쪽, 164쪽, 165쪽, 166쪽 167쪽, 169쪽

ISBN 979-11-6923-368-2
ISBN 979-11-6923-275-3 (세트)

호기심을 해결하는 곤충 관찰 캡쳐북

제발돼라
엉뚱한
곤충
사전

원작 제발돼라
그림 김기수

서울문화사

차례

프롤로그
수지의
첫 번째 곤충 친구

드르렁

쿨

쿨

음냐냐~.

화니야, 밖에 친구가 와서 기다리네.

끼익 부스스

에에? 친구요?

에이~ 친구 사이에 웬일은 무슨!

어…? 수지야, 우리 집엔 웬일이야?

그나저나 얼른 씻고 나가자! 우리 오늘 곤충 친구 만나러 가기로 했잖아!

잠시 후

같이 가, 수지야.

내가 별튜버 제발돼라 님의 파트너라니, 완전 뿌듯해! 뭐, 물론 화니 네가 제발돼라 님이라는 사실은 아직도 믿기진 않지만 말이야.

그나저나 오늘은 어떤 친구를 소개해 줄 생각이야?

나처럼 예쁜 나비 친구?

아니면 귀욤뽀짝 앙증맞은 호박벌 친구?

어쩌면 카리스마 넘치는 사마귀 친구일 수도 있겠다!

9

수지야, 너도 한번 쓰다듬어 볼래?

수

어? 정말 그래도 돼?

당연하지! 자, 여기!

척

그럼 아주 살짝만 만져 볼까?

뷰우!

꺄! 귀여워!

부비

부비

몇 시간 뒤

오구오구~ 우리 피그 잘한다!

삐잇! 삐뿌우!

얘들아, 우리 이제 집에 가야 하는데….

뭐 어쨌든 해피 엔딩이네.

13

안녕, 난 피그야!

난 밀웜이 제일 맛있더라!

나무 향기가 제법 좋은걸?

얘들아, 나 남자 친구 생겼어!

1장

돼지여치
피그 이야기

돼지여치가
어른이 되는 과정

오늘 소개할 친구는 바로 돼지여치예요.

돼지여치는 여치를 부르는 또 다른 이름이에요.

돼지여치라고 부르는 이유는 커다란 몸통 때문이랍니다.

안녕?

돼지여치

통통

돼지여치는 세 쌍의 다리를 가지고 있는데, 그중 뒷다리는 정말 강하고 튼실해요.

내 다리 멋지지?

이 뒷다리에 맞으면 천적인 사마귀도 큰 부상을 입을 수 있어요.

튼튼하고 근사한 돼지여치의 다리!

16

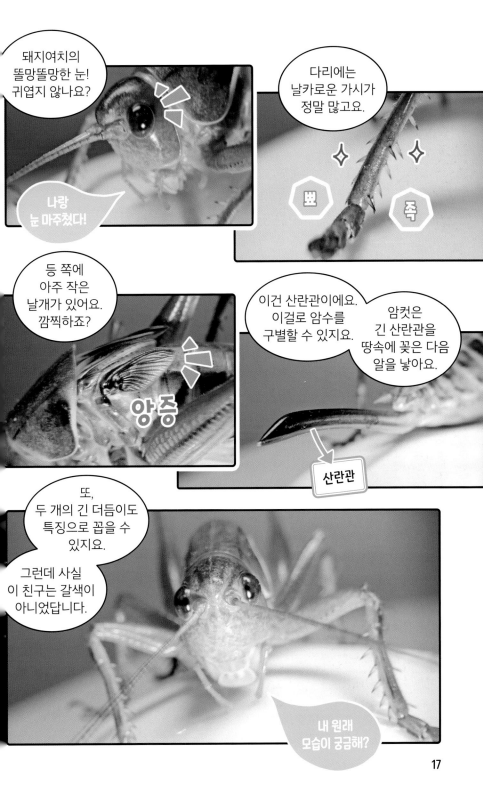

처음 만났을 때, 돼지여치는 초록색이었어요.

돼지여치가 떠오르는 초록색 상추를 먹이로 주었지요.

상추

스윽

밥이다!

푸릇푸릇 초록색의 돼지여치!

일단 물 좀 마시고!

꿀꺽   꿀꺽

정말 잘 먹었어요.

아삭   아삭

본격적으로 식사를 해 볼까!

다음 날

상추를 잔뜩 먹은 돼지여치가 똥을 많이 쌌어요.

돼지여치의 똥으로 뒤덮인 사육함

18

똥은 물휴지로 닦아서 청소해 줬어요.

쓱 싹 쓱 싹

똥이 굳어서 잘 안 닦이네요!

짜잔! 사육함이 한결 깨끗해졌죠?

고마워!

그렇게 돼지여치는 밥도 잘 먹고, 똥도 잘 싸며 지내다가….

냠 냠

현재

지금처럼 갈색이 되었답니다.

짜 잔

놀라운 돼지여치의 변신!

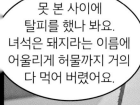

못 본 사이에 탈피를 했나 봐요. 녀석은 돼지라는 이름에 어울리게 허물까지 거의 다 먹어 버렸어요.

허물에 영양분이 얼마나 많은데!

탈피

곤충이 자라면서 껍질을 벗는 것을 탈피라고 해요. 곤충은 성장하면서 몸이 커지는데, 이 과정에서 여러 번 껍질을 벗어요. 이때 벗고 남은 껍질은 허물이라고 하지요. 곤충이 제때 탈피를 하지 못하면 성충으로 자라지 못하고 죽을 수도 있어요. 곤충뿐만 아니라 뱀 같은 파충류도 탈피를 한답니다.

19

20

21

23

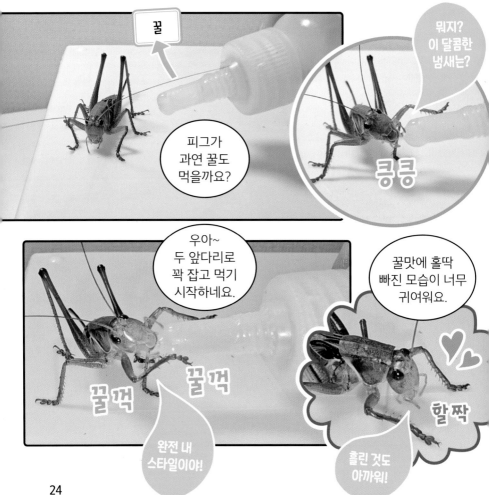

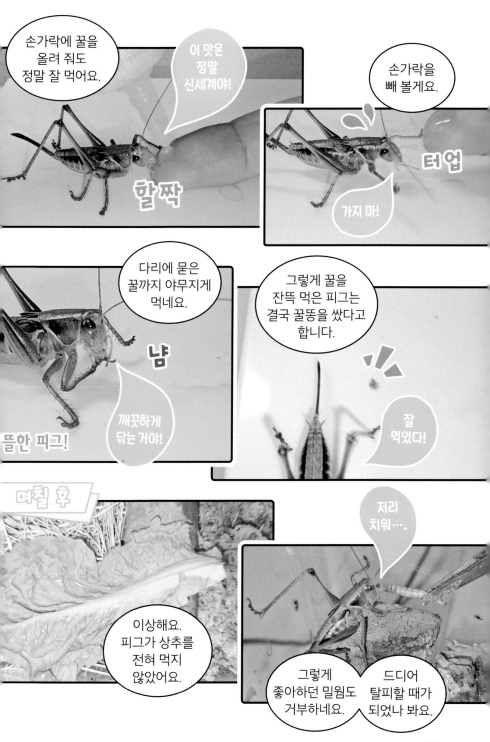

25

마지막으로 산란관을 뽑았어요.

쏘옥

후유~!

아주 건강하게 탈피를 마쳤네요. 고생 많았어!

이제 날개 말려야지.

돼지여치는 총 여섯 번의 탈피를 거치는데, 6령이 종령이고 마지막 탈피 후에 멋진 *성충이 되어요.

긴 뒷다리 때문에 탈피 과정이 쉽지 않다고 하지요.

탈피 후 남은 허물이에요. 뒷다리 부분이 정말로 길죠?

허물

피그는 몸을 말리는 중

* 성충: 다 자라서 생식 능력이 있는 곤충.

시간이 지나자 몸은 좀 더 갈색으로, 날개는 녹색으로 변했어요.

무사히 성충이 된 만큼 피그가 오래오래 건강하게 잘 살면 좋겠네요!

피그야! 내가 더 잘 부탁해!

앞으로도 잘 부탁해!

27

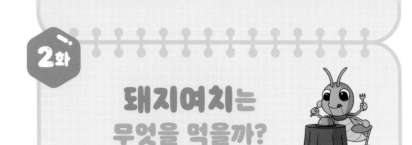

2화
돼지여치는
무엇을 먹을까?

여러분, 여기 좀 보세요.

모기 번데기랑
*장구벌레가
잔뜩 있어요!

모기 번데기

*장구벌레: 모기의 애벌레.

드문드문
모기도 보이네요.
잘 날지 못하는 것을
보니 방금 *성체가
되었나 봐요.

몽땅
잡아 볼까요?

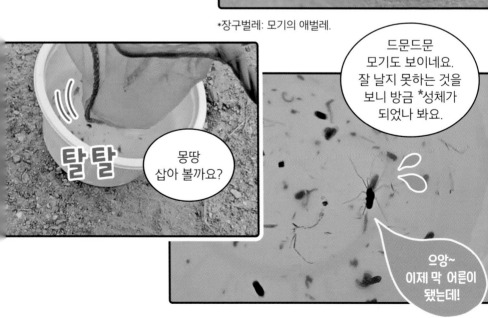

으앙~
이제 막 어른이
됐는데!

*성체: 다 자라서 생식 능력이 있는 동물. 또는 그 동물의 몸을 일컫는 말.

이 많은 장구벌레 좀 보세요! 장구벌레는 워낙 생존력이 뛰어나서 어디서든 잘 자라지요.

장구벌레

장구벌레의 몸길이는 약 4~7mm 이고, 몸 색깔은 갈색 또는 검은색 이에요. 성충인 모기가 물속에 알을 낳으면, 약 하루 정도 지나 부화하여 장구벌레가 되지요. 장구벌레는 주로 늪이나 웅덩이 등 물가에서 미생물, 플랑크톤 등을 먹으며 살아요.

장구벌레가 바글바글!

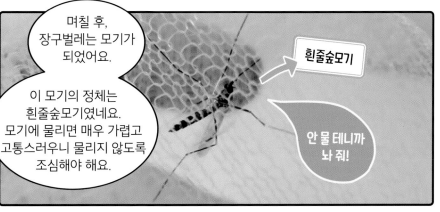

며칠 후, 장구벌레는 모기가 되었어요.

이 모기의 정체는 흰줄숲모기였네요. 모기에 물리면 매우 가렵고 고통스러우니 물리지 않도록 조심해야 해요.

흰줄숲모기

안 물 테니까 놔 줘!

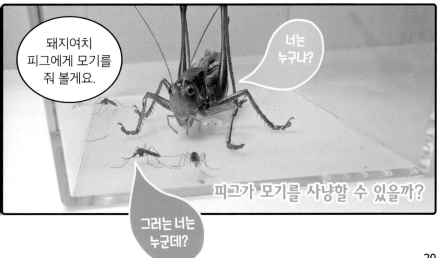

돼지여치 피그에게 모기를 줘 볼게요.

너는 누구냐?

피그가 모기를 사냥할 수 있을까?

그러는 너는 누군데?

29

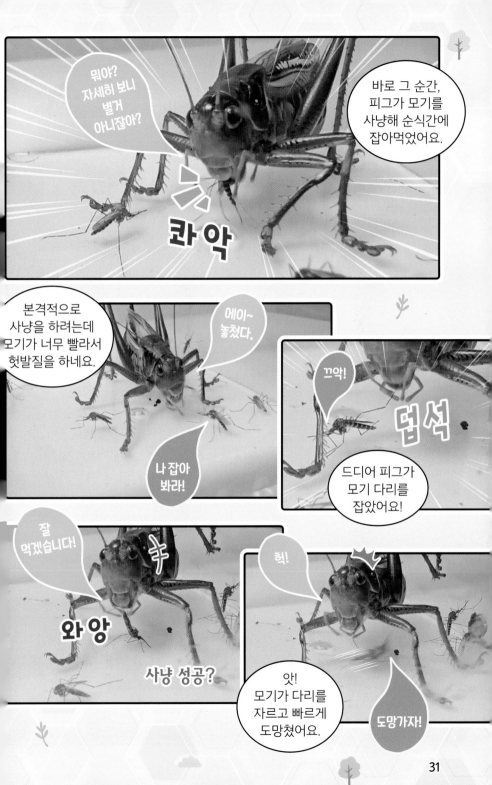

해충 꽃매미 해치우기 대작전

여름이 되니, 해충인 꽃매미가 여기저기 보이네요.

꽃매미

꽃매미를 잡는 가장 간단한 방법은 기다리는 거예요. 그러면 스스로 다가오거든요.

왠지 들어가고 싶은 느낌적인 느낌!

스윽

꽃매미 잡기, 참 쉽죠?

꽃매미

꽃매미는 노린재목 꽃매밋과에 속하는 곤충이에요. 성충은 몸길이가 약 14~15mm이며, 날개를 편 길이는 약 40~50mm 정도예요. 앞날개는 연한 회색빛을 띤 갈색이고, 검고 둥근 점무늬가 있어요. 뒷날개는 빨간색이이요. 특히 포도, 배, 복숭아 등 과일나무에 큰 피해를 주어서 해충으로 분류된답니다.

꽃매미들은 수액을 빨아 먹어서 나무를 말려 죽여요. 꽃매미의 배설물은 나뭇잎에 달라붙어 *그을음병을 유발하기도 하지요.

식물에 피해를 주는 해충, 꽃매미!

*그을음병: 잎이나 열매 등이 검게 그을린 것처럼 보이는 식물병.

살려 줘!

스윽

그럼 지금부터 본격적으로 꽃매미를 잡아 보도록 할까요?

거미줄에 걸린 꽃매미가 보이네요.

거미들도 열심히 해충을 퇴치하고 있었군요!

버둥

버둥

거미줄에 걸려 버둥대는 꽃매미

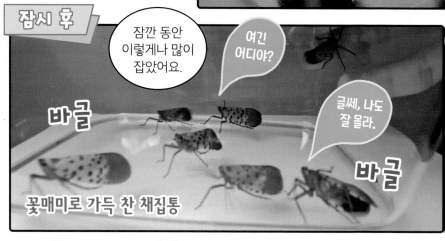

잠시 후

잠깐 동안 이렇게나 많이 잡았어요.

여긴 어디야?

글쎄, 나도 잘 몰라.

바글

바글

꽃매미로 가득 찬 채집통

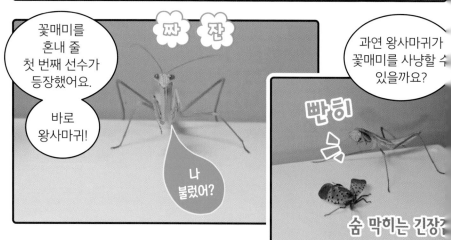

꽃매미를 혼내 줄 첫 번째 선수가 등장했어요.

바로 왕사마귀!

짜 잔

나 불렀어?

과연 왕사마귀가 꽃매미를 사냥할 수 있을까요?

빤히

숨 막히는 긴장2

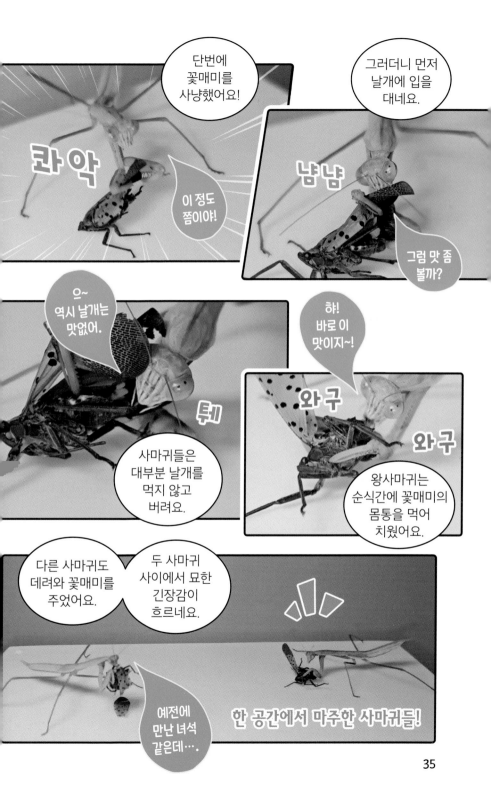

35

잠시 후

깜짝

혁!
저리 가!

황닷거미에게 다시 꽃매미를 내밀어 봤어요.

꽃매미에 깜짝 놀라는 황닷거미

너 무시무시한 거미 아니니…?

깜짝 놀라서 아직도 가슴이 쿵쿵 뛰는 거 같아.

황닷거미의 꽃매미 사냥, 실패!

마지막 사냥꾼은 돼지여치 피그예요.

이제 내 차례야?

사냥꾼 피그 등장

과연 피그가 꽃매미를 사냥할까요?

요 녀석!

콰악

잘 걸렸다.

역시나 곧바로 꽃매미를 사냥하네요!

38

여치의 강력한 턱에 꽃매미는 힘도 한번 못 쓰고 당했어요.

음~ 맛있어!

나 지금 떨고 있니….

아그작

아그작

피그의 모습을 본 사마귀들이 충격에 빠졌네요.

뭘 봐? 여치가 밥 먹는 거 처음 봐?

얼음

아그작

당황하여 얼어붙은 사마귀들

피그는 금세 사냥한 꽃매미를 다 먹었어요. 역시 먹성 하나는 최고네요.

더 먹을래!

꽃매미 퇴치는 우리에게 맡겨!

냠

냠

꽃매미 퇴치 완료!

3화

사랑에 빠진 피그

여자 친구를 소개해 준다고?

피그를 위해 수컷 돼지여치를 데려왔어요.

수컷 돼지여치

기대된다!

두 곤

이봐! 어딜 보는 거야?

돼지여치의 성별은 어떻게 구분하냐고요? 산란관을 찾으면 돼요.

암컷과 달리 수컷 여치는 몸통 끝부분에 산란관이 없거든요.

산란관

곤충류 등의 배 끝에 발달한 기관으로, 알을 낳을 때 사용해요. 관 모양의 구조로 되어 있어서 알을 안전하게 특정한 장소에 낳을 수 있도록 도와요. 산란관은 여치뿐만 아니라 벌, 모기, 메뚜기 같은 곤충도 가지고 있어요. 어떤 종은 산란관을 방어 도구로도 사용하는데, 예를 들어 벌의 산란관은 독샘에 연결되어 독침을 형성하지요.

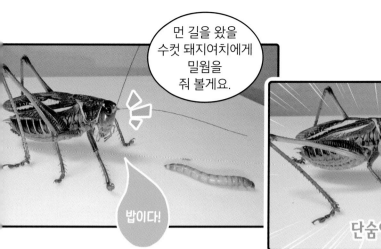

41

하지만 첫 번째 짝짓기 시도는 결국 성공하지 못했어요. 이대로 실패하고 마는 걸까요?

아직은 아니야.

히잉~!

쉽지 않은 짝짓기 과정

잠시 후

피그와 수컷을 피그의 집으로 옮겨 봤어요.

집으로 돌아오니 피그가 안정을 찾은 것 같아요.

역시 내 집이 최고라니까!

아늑

아늑

갑자기 피그가 수컷 쪽으로 성큼성큼 다가가기 시작해요.

저기….

앗?!

스윽

아까와 달리 적극적인 피그!

피그가 구애를 하는 것처럼 보여요.

당신한테 흥미가 생겼어!

이랬다 저랬다, 변덕스러운 피그의 마음

웃차~!

돼지여치 짝짓기의 특이한 점은 암컷이 수컷의 몸 위로 올라간다는 점이에요.

사마귀처럼 서로를 공격하면 어쩌나 걱정이 많았는데 공격성은 없고, 애정이 매우 많은 친구들이네요.

두근두근! 시작된 짝짓기!

드디어 짝짓기에 성공했어요.

이렇게 짝짓기 하는 피그의 모습을 보게 되다니 정말 감격스러워요!

잘 어울리는 한 쌍의 돼지여치 커플!

45

고생한 친구들에게 맛있는 밀웜을 줄게요.

냠냠

이렇게 받기만 해도 되나?

얘들아, 짝짓기 하느라 고생 많았느~!

그런데 피그는 밀웜을 먹지 않네요. 먹을 힘조차 없는 걸까요? 걱정이 되어요.

나 입맛이 없어….

밀웜을 거부하는 피그

여치들은 동족 포식을 하는 곤충이라 위험할 수 있으니 일단 피그에게서 수컷을 분리해 줄게요.

다음에 또 만나!

동족 포식

자신과 같은 종의 개체를 잡아먹는 것을 동족 포식이라고 해요. 여치 뿐만 아니라 1,500종 이상의 동물체가 같은 종족을 잡아먹는 것으로 알려져 있지요. 동족 포식을 하는 이유는 여러 가지예요. 굶주림에서 벗어나기 위해, 과도한 스트레스를 해소하기 위해, 약한 새끼를 제거하여 동족을 강한 개체로 키우기 위해 등 다양한 이유가 있지요.

잠시 후

냠냠

피그가 천장에 매달려 정포를 먹고 있어요!

암컷 여치가 정포를 먹는 것은 매우 자연스러운 현상이라고 해요.

정포 ←

다음 날

피그는 다행히 건강해요.

꽁무니에 있던 정포도 사라졌네요.

걱정했어?

쌩쌩한 피그!

바닥에 떨어진 정포 조각들이 보여요.

피그에게서 떨어져 나온 정포들

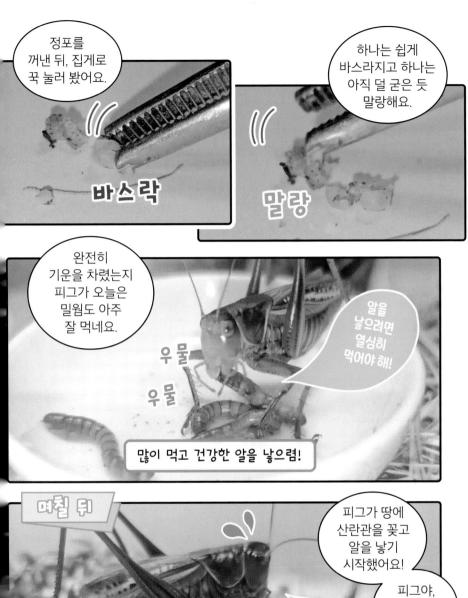

BASIC ★☆☆

여치

Gampsocleis sedakovii obscura

분류	메뚜기목 여칫과	크기	몸길이 약 33~40mm
먹이	작은 곤충 등	출현 시기	6월~10월
서식지	강변, 풀숲		

특징

여치는 여칫과의 대표적인 곤충으로 몸이 크고 퉁퉁해 돼지여치라고 불리기도 한다. 몸 색깔은 누런빛을 띤 초록색 혹은 누런빛을 띤 갈색이다. 머리와 앞가슴의 양쪽 옆에는 갈색 줄무늬가 있으며, 앞가슴의 앞쪽은 안장 모양으로 움푹 들어갔고 뒤쪽은 넓적하다.

수컷은 두 날개를 비벼 소리를 내는데, 그 소리를 듣고 암컷이 오면 수컷은 정자가 든 정포를 암컷의 생식문에 전해 짝짓기를 한다. 짝짓기 후, 수컷이 떠나면 암컷은 정포를 먹어서 영양분을 섭취한다.

날개가 잘 발달되어 있으나 민첩하게 날지는 못하는 편이며, 대신 긴 뒷다리를 이용해 멀리까지 뛸 수 있다.

곤충의 소리에 관해 알아볼까요?

초등 과학 3-2 동물의 생활

숲길이나 강가를 걷다 보면 종종 곤충들이 내는 다양한 소리를 들을 수 있어요. 모든 곤충이 소리를 내는 것은 아니지만 몇몇 곤충들은 독특한 소리로 우리의 귀를 사로잡지요. 찌르르찌르르, 귀뚤귀뚤, 맴맴…. 다양하고 재미있는 곤충 소리를 듣다 보면 문득 곤충이 내는 소리에 관한 궁금증이 생기기도 한답니다.

그렇다면 곤충들은 왜 소리를 낼까요? 소리는 어떤 방식으로 내는 걸까요? 지금부터 곤충의 소리에 관해 궁금한 점들을 함께 알아보도록 합시다.

Q 곤충이 소리를 내는 이유는 뭘까요?

A 곤충이 소리를 내는 주된 이유는 짝을 찾기 위해서예요. 여치, 매미, 귀뚜라미 같은 곤충은 수컷이 소리를 내어 짝짓기를 할 암컷을 찾아요. 암컷은 수컷이 내는 소리에 자연스레 이끌리지요. 이런 곤충들은 성페로몬을 이용해 짝을 찾는 곤충들과 달리 소리를 이용해 짝을 찾는 방식으로 진화한 거예요. 또, 곤충들은 자신의 위치를 알리거나 위험한 상황을 경고하는 등 같은 종과 의사소통하기 위해, 혹은 위협적인 존재를 피하거나 다가오지 말라고 경고하기 위해 소리를 내기도 해요. 예를 들어 길앞잡이는 천적인 박쥐를 피하기 위해 초음파 소리를 내서 박쥐가 싫어하는 먹이인 독나방으로 위장한다고 하지요.

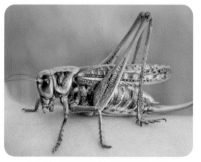

여치

귀뚜라미

Q 곤충은 어떻게 소리를 내나요?

곤충들은 사람처럼 성대로 소리를 내지 않아요. 대신 다른 신체 기관을 이용하지요. 대표적으로 여치, 귀뚜라미, 베짱이, 방울벌레처럼 날개를 비벼서 소리를 내는 곤충이 있어요. 예를 들어 여치의 날개에는 작은 돌기가 있는데, 날개끼리 비비면 마찰이 발생해서 소리가 나지요. 또, 매미는 배에 발음기가 있어요. 매미는 근육을 이용해 발음기를 진동시켜서 소리를 내지요. 삽사리는 다리를 날개에 비벼서 소리를 내고요.

방울벌레

베짱이

⟶ 흥미 팡팡 곤충 이야기

지구에서 가장 시끄러운 곤충은?

가장 시끄러운 곤충이 뭐냐고 묻는다면 대부분이 '매미'라고 말할 거예요. 매미가 우는 소리는 보통 80~100데시벨이에요. 시계 알람 소리가 80데시벨, 자동차 경적 소리가 100데시벨 정도라고 하니, 매미의 소리가 얼마나 우렁찬지 알겠지요? 매미 중에서도 특히 큰 소리를 내는 것으로 알려진 매미는 아프리카 매미의 일종인 '브레비사나 브레비스'예요. 이 매미의 소리는 몇백 미터 떨어진 곳에서도 들릴 정도로 우렁찬데, 그 수치가 약 107데시벨에 달한다고 해요.

안 놔 주면 독침을 쏠 거야!

다친 다리가 신경 쓰여….

오늘 먹이는 신선하구먼!

황금이를 똑 닮은
황금이의 허물!

2장

곤충과
친구 되기

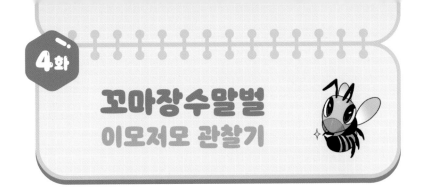

꼬마장수말벌 이모저모 관찰기

오늘 소개할 친구는 꼬마장수말벌이에요. 장수말벌과 닮았지만 조금 다르답니다.

안녕?

꼬마장수말벌

꿀벌을 공격해 잡아먹기도 하는 장수말벌과 달리, 꼬마장수말벌은 꿀벌을 공격하지 않아요.

그래서 *양봉업에 피해를 주지는 않지요.

*양봉업: 꿀을 얻기 위해 벌을 기르는 일을 전문적으로 하는 직업.

채집통 안에 꼬마장수말벌과 종이컵이 들어 있어요. 종이컵만 꺼내려면 어떻게 해야 할까요?

휘익

난 높은 곳이 좋다고!

일단 통을 뒤집어 줄게요. 그러면 꼬마장수말벌이 통의 바닥 쪽으로 올라갈 거예요. 말벌류의 곤충은 위로 올라가려는 습성이 있거든요.

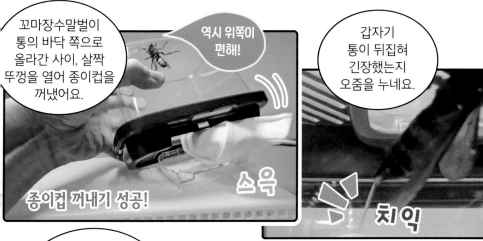

꼬마장수말벌이 통의 바닥 쪽으로 올라간 사이, 살짝 뚜껑을 열어 종이컵을 꺼냈어요.

역시 위쪽이 편해!

종이컵 꺼내기 성공!

스윽

갑자기 통이 뒤집혀 긴장했는지 오줌을 누네요.

치익

대부분의 말벌은 암수가 거의 비슷하게 생겼어요. 하지만 더듬이의 길이로 성별을 구분할 수 있지요.

더듬이가 짧고 직선형이면 암컷, 더듬이가 길고 곡선형이면 수컷이에요.

여기서 깜짝 퀴즈! 난 암컷일까, 수컷일까?

더듬이

절지동물의 머리 끝에 있는 감각 기관을 더듬이라고 해요. 일반적으로 갑각류는 두 쌍, 곤충류는 한 쌍의 더듬이를 가지고 있지요. 동물들은 더듬이로 냄새를 맡거나 촉감을 느껴요. 그래서 먹이를 찾거나 적을 감지할 때 더듬이를 사용한답니다.

비교할 대상이 없어서 더듬이가 긴 건지 짧은 건지 알 수 없네요.

궁금하지?

더듬이로 구분이 어렵다면 독침으로 꼬마장수말벌의 성별을 알아볼 수 있어요. 벌의 독침은 산란관이 변화한 것이라 암컷만 가지고 있거든요.

꼬마장수말벌이 격렬하게 날갯짓을 해요.

혹시 독침을 꺼내려는 걸까요?

이거 안 놔?!

독침이 뾰족 나왔어요! 암컷이었네요.

독침

난 쏘지 마!

꿀벌은 독침을 한 번 밖에 못 쏘지만,

말벌은 여러 번 쏠 수 있기 때문에 더 조심해야 해요.

며칠 후

꼬마장수말벌이 채집통 속에서 계속 기어만 다니네요.

걷는게 편해.

공간이 좁아서 그런 걸까요? 아니면 원래 잘 날지 못하는 걸까요?

얼른 확인해 봐야겠어요.

꼬마장수말벌에게는 양옆으로 두 개의 겹눈이 있고, 가운데에 세 개의 홑눈이 있어요.

너무 가까운 거 아니야?

겹눈은 여러 방향에 있는 물체의 형태를 동시에 식별하는 기능을 하고, 홑눈은 어둡고 밝은 것을 구분하는 기능을 하는구나!

꼬마장수말벌 밀착 취재!

그리고 이곳에 검은 문양이 있는 것이 특징이에요. 장수말벌은 이 문양이 없어요.

또, 매우 크고 강한 턱을 가졌어요. 이 턱으로 다른 곤충을 사냥하지요.

턱

머리에는 두 개의 더듬이가 있어요. 수컷의 더듬이는 이것보다 길이가 훨씬 더 길 거예요.

더듬이

얼굴은 노르스름한 주황색, 등 쪽은 검은색이에요. 몸통에는 줄무늬가 있지요.

몸통의 마디 끝은 완전히 검은색이에요.

이 부분이 노란색이면 장수말벌, 검은색이면 꼬마장수말벌이죠.

꼬마장수말벌은 장수말벌보다 크기가 작지만 그래도 벌 중에서는 상당히 큰 편이랍니다.

위협을 느꼈을 때는 이렇게 움직이며 상대방을 위협해요.

꼬장이에게 곤충 젤리를 줘 볼게요. 과연 잘 먹을까요?

휙

휙

저리 가!

젤리

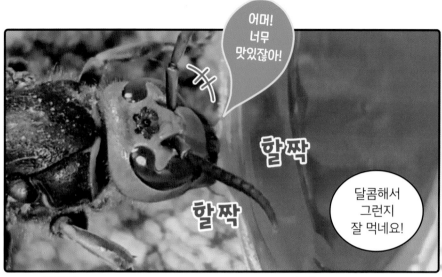

어머! 너무 맛있잖아!

할짝

할짝

달콤해서 그런지 잘 먹네요!

꼬장이에게 집도 만들어 줄게요. 먼저 나무를 깔고 젤리를 올려 줘요.

꼬장이는 어떤 집을 좋아할까?

집 안에서 더 잘 움직일 수 있도록 타고 다닐 휴지도 깔아 줄게요.

촉촉하니 딱 좋네!

칙

칙

습도 조절을 위해 휴지에 물도 약간 뿌려 줬어요.

꼬장이 하우스 완성!

다행히 꼬장이도 집을 마음에 들어 하는 것 같아요. 앞으로 꼬장이와 잘 지내볼게요!

젤리 더 줘!

※ 위험하니 손에 올리는 [절대 따라하지 마세요

62

꿀벌과 말벌의 침은 무엇이 다를까?

여기에 죽은 지 얼마 안 된 꿀벌이 있어요.

꿀벌

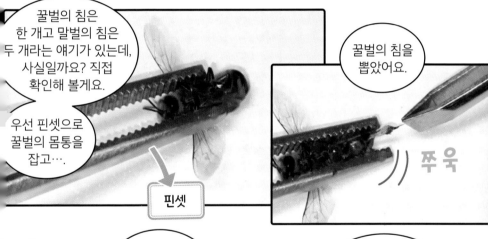

꿀벌의 침은 한 개고 말벌의 침은 두 개라는 얘기가 있는데, 사실일까요? 직접 확인해 볼게요.

우선 핀셋으로 꿀벌의 몸통을 잡고….

핀셋

꿀벌의 침을 뽑았어요.

쭈욱

휙

휙

분명히 죽은 꿀벌의 침인데 살아 있는 것처럼 움직이네요.

은 벌도 함부로 건드리면 안 되는 이유!

뾰족

침 끝부분에 갈고리처럼 생긴 부분이 있어요. 꿀벌 침에 쏘이면 이 부분 때문에 침이 살에 박혀 잘 빠지지 않지요.

63

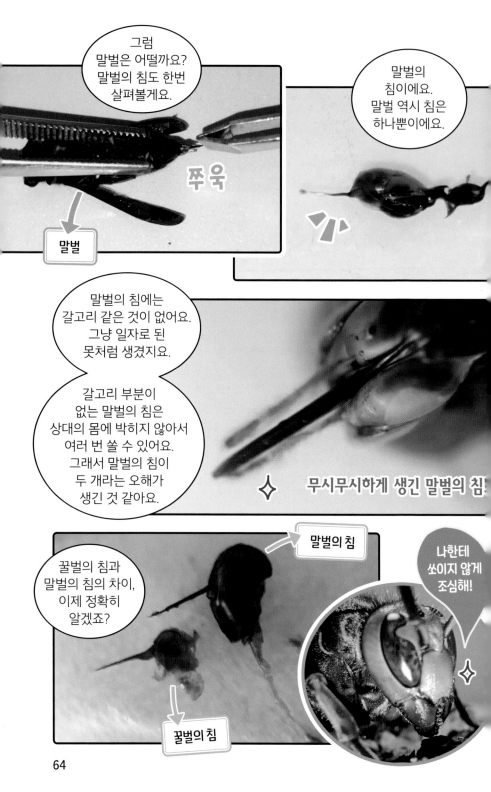

그럼 말벌은 어떨까요? 말벌의 침도 한번 살펴볼게요.

말벌

쭈욱

말벌의 침이에요. 말벌 역시 침은 하나뿐이에요.

말벌의 침에는 갈고리 같은 것이 없어요. 그냥 일자로 된 못처럼 생겼지요.

갈고리 부분이 없는 말벌의 침은 상대의 몸에 박히지 않아서 여러 번 쏠 수 있어요. 그래서 말벌의 침이 두 개라는 오해가 생긴 것 같아요.

무시무시하게 생긴 말벌의 침

말벌의 침

꿀벌의 침과 말벌의 침의 차이, 이제 정확히 알겠죠?

나한테 쏘이지 않게 조심해!

꿀벌의 침

꼬마 장수말벌에게 꿀을 준다면?

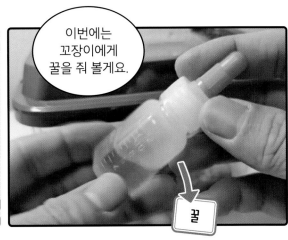

이번에는 꼬장이에게 꿀을 줘 볼게요.

꿀

이게 뭐야?

꼬장아, 꿀 먹자~!

스윽

깜짝

깜짝 놀랐잖아!

놀란 듯 몸을 피하는 꼬장이

경계하면서 엄청난 날갯짓으로 위협하네요.

이럴 때는 독침을 맞을 확률이 매우 높으니까 절대로 건드리면 안 돼요.

응?

저리 가!

경계

제발 쏘지 마!

슬쩍

조심스럽게 다시 꿀을 들이밀어 봤어요.

65

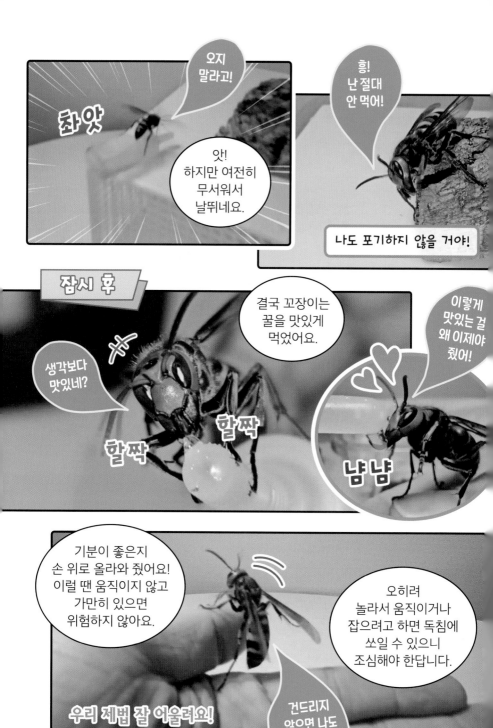

BASIC ★★☆

꼬마 장수말벌
Vespa ducalis Smith

분 류	벌목 말벌과	크 기	몸길이 약 25~30mm
먹 이	나무 수액, 작은 곤충 등		
출현 시기	6월~10월	서 식 지	들판, 산지

특징

말벌과에 속한 벌 중 하나이며, 장수말벌 다음으로 크기가 크다. 장수말벌과 비슷하게 생겼지만 크기가 조금 더 작아 꼬마장수말벌이라고 불리게 되었다. 장수말벌과 생김새는 비슷하나 검은색 무늬가 더 많다. 몸의 바탕색은 검은색이며, 머리는 누런빛을 띤 갈색이고 첫 번째와 두 번째 배마디에 적갈색 띠무늬가 있다.

여럿이 모여 군집 생활을 하는 사회성 곤충으로, 서로 협력하며 생태계를 이룬다. 나무 수액을 먹는 모습이 자주 관찰되지만, 한편으로는 쌍살벌들의 집을 습격해 번데기를 먹고 가거나 애벌레를 사냥해 새끼들의 먹이로 사용하는 모습을 보이기도 한다.

5화
다리를 다친 사마귀와 함께 사는 법

꿈틀

꿈틀

이런 곤충 처음 봐?

산책 중에 신기한 친구를 만났어요. 온몸에 하얀 뿔 같은 것이 잔뜩 나 있고 그 끝에는 가시가 달렸네요.

네발나빗과의 애벌레인 것 같아요.

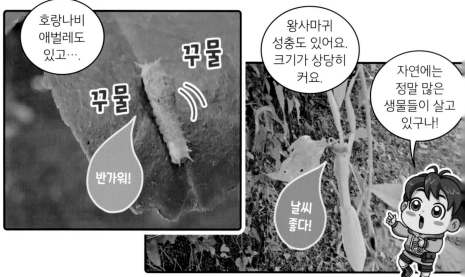

호랑나비 애벌레도 있고….

꾸물

꾸물

반가워!

왕사마귀 성충도 있어요. 크기가 상당히 커요.

자연에는 정말 많은 생물들이 살고 있구나!

날씨 좋다!

여기 메뚜기도 있네요!

메뚜기의 종류는 등의 무늬로 구별할 수 있어요. 앞가슴 등판의 하얀 무늬는 팥중이의 특징이지요.

우연히 만난 팥중이!

다 자란 성충이라 크기도 매우 크네요.

버둥 버둥

혼쭐나기 싫으면 당장 놔 줘!

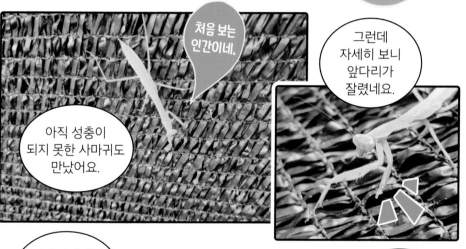

처음 보는 인간이네.

아직 성충이 되지 못한 사마귀도 만났어요.

그런데 자세히 보니 앞다리가 잘렸네요.

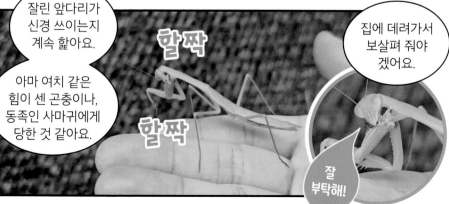

잘린 앞다리가 신경 쓰이는지 계속 핥아요.

아마 여치 같은 힘이 센 곤충이나, 동족인 사마귀에게 당한 것 같아요.

할짝 할짝

집에 데려가서 보살펴 줘야 겠어요.

잘 부탁해!

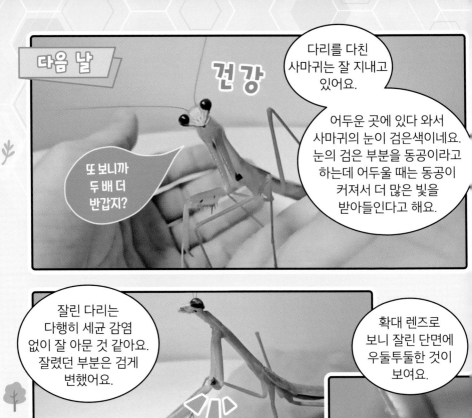

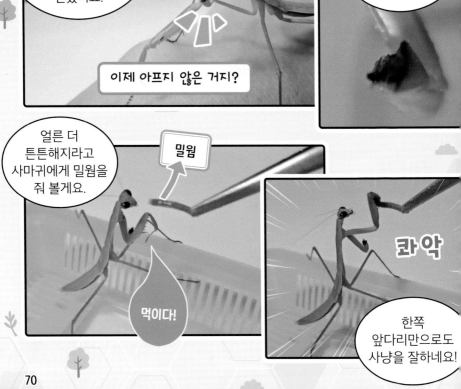

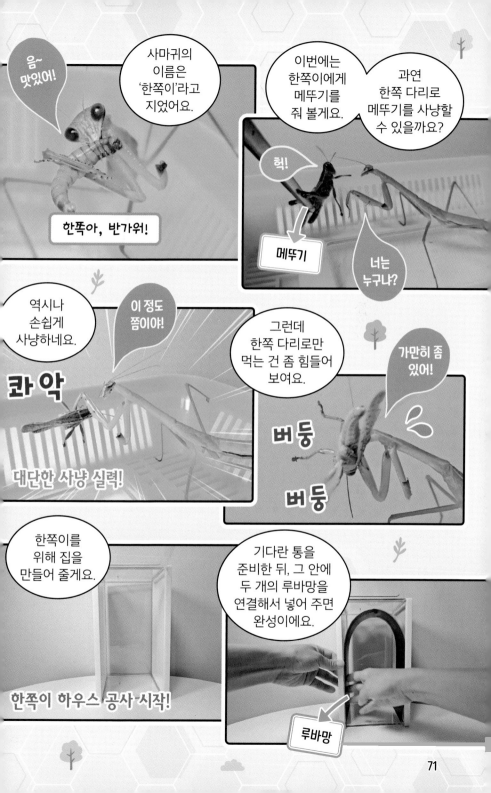

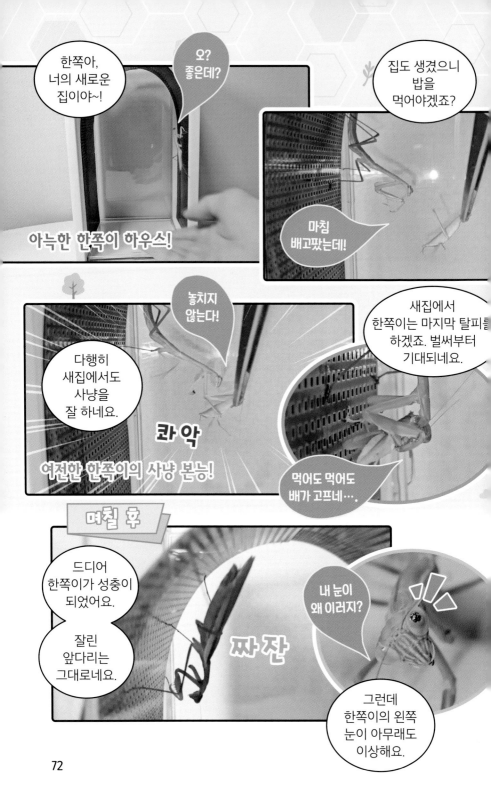

아늑한 한쪽이 하우스!

여전한 한쪽이의 사냥 본능!

콰악

짜잔

며칠 후

72

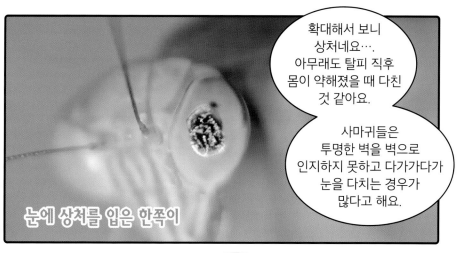

확대해서 보니 상처네요…. 아무래도 탈피 직후 몸이 약해졌을 때 다친 것 같아요.

사마귀들은 투명한 벽을 벽으로 인지하지 못하고 다가가다가 눈을 다치는 경우가 많다고 해요.

눈에 상처를 입은 한쪽이

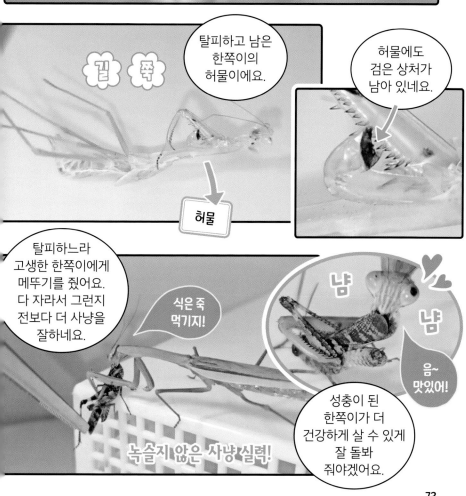

끔 쯕

탈피하고 남은 한쪽이의 허물이에요.

허물에도 검은 상처가 남아 있네요.

허물

탈피하느라 고생한 한쪽이에게 메뚜기를 줬어요. 다 자라서 그런지 전보다 더 사냥을 잘하네요.

식은 죽 먹기지!

냠

냠

음~ 맛있어!

성충이 된 한쪽이가 더 건강하게 살 수 있게 잘 돌봐 줘야겠어요.

녹슬지 않은 사냥 실력!

사마귀가 짝을 만난 날

사마귀들이 짝짓기를 할 시기가 되어서 짝을 찾기 위해 산에 왔어요.

철조망과 넝쿨이 있는 곳은 매달리기 쉬워서 사마귀가 아주 좋아하는 장소랍니다.

암컷 넓적배사마귀가 있네요. 잘 자란 성충이에요.

넓적배사마귀

날씨 좋다!

암컷 왕사마귀도 보여요.

왕사마귀

드디어 수컷 왕사마귀를 찾았어요.

솔깃

여자 친구를 소개해 준다고?

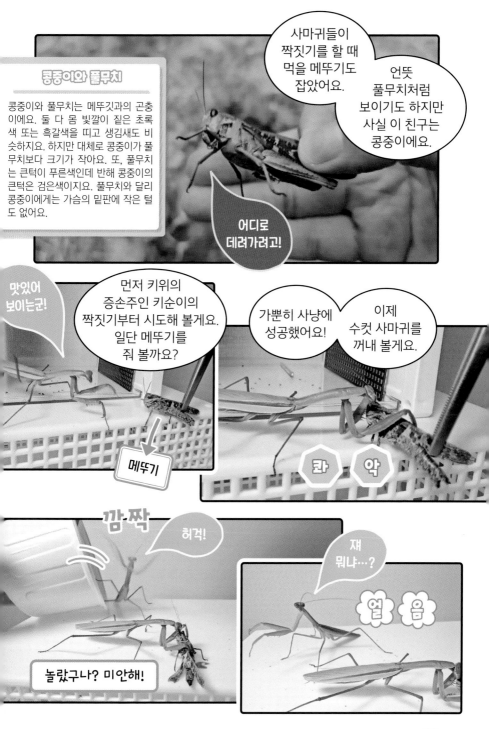

콩중이와 풀무치

콩중이와 풀무치는 메뚜깃과의 곤충이에요. 둘 다 몸 빛깔이 짙은 초록색 또는 흑갈색을 띠고 생김새도 비슷하지요. 하지만 대체로 콩중이가 풀무치보다 크기가 작아요. 또, 풀무치는 큰턱이 푸른색인데 반해 콩중이의 큰턱은 검은색이지요. 풀무치와 달리 콩중이에게는 가슴의 밑판에 작은 털도 없어요.

75

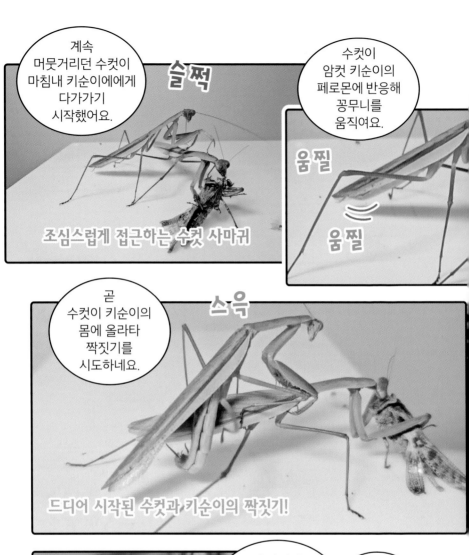

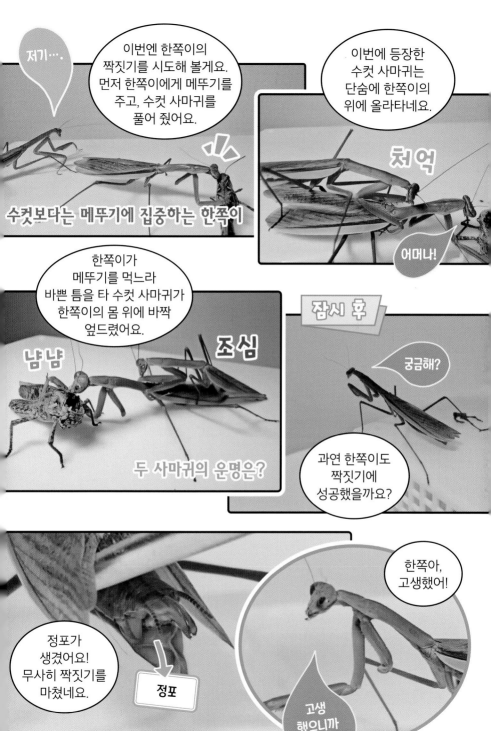

77

6화

커다란 **황닷거미**도 탈피를 할까?

이 친구는 황닷거미 '황금이'예요.

황닷거미

나 지금 지금 식사 중이라 바빠.

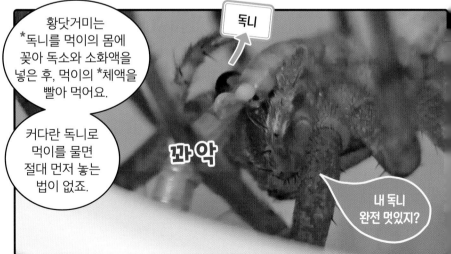

독니

황닷거미는 *독니를 먹이의 몸에 꽂아 독소와 소화액을 넣은 후, 먹이의 *체액을 빨아 먹어요.

커다란 독니로 먹이를 물면 절대 먼저 놓는 법이 없죠.

꽈악

내 독니 완전 멋있지?

* 독니: 뿌리에 독샘이 있어서 물 때 독을 뿜는 이.
* 체액: 동물의 몸속에 있는 혈액, 림프, 뇌척수액 등을 통틀어 이르는 말.

보통 거미와 달리 황닷거미는 거미줄이 아닌 다리와 독니를 이용해 사냥한답니다.

내가 좀 특별해!

황금아, 밀웜 먹자!

또 밀웜이네….

그런데 먹이를 거부하네요?

왜 먹지 않는 걸까?

아하! 목이 말랐나 봐요.

휴지에 물을 묻혀 주었더니 열심히 마시네요.

꿀꺽

꿀꺽

이제 좀 살 것 같네!

거미가 먹이를 먹지 않을 때는 물을 주세요!

79

요리조리 도망치던
바퀴벌레가 결국
잡히고 말았네요.

바퀴벌레의
등에 황금이의
독니가 정확히
꽂혔어요.

황금이는
독니의 위치를
바꿔 가며 계속해서
체액을 빨아
먹어요.

바퀴벌레를 관통한 황금이의 날카로운 독니!

바퀴벌레의
껍질이 질긴지
꽤 오랫동안
먹네요.

잠시 후

바퀴벌레는
완전히 찌꺼기만
남았어요.

며칠 후

허물

짜   잔

황금이가
탈피를
했어요!

허물에는 독니의
모양까지 그대로
남아 있네요.

황금이가
워낙 커서
다 큰 줄
알았는데,

한 번 더
탈피를 해서
정말 놀랐어요.

더욱 늠름해진 황금

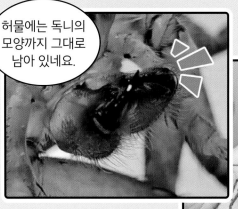

탈피하느라 고생한
황금이를 위해서
메뚜기를 줄게요.

냠 냠

내가 메뚜기
좋아하는건
어떻게 알았대?

고마워!

84

꿈틀꿈틀
굼벵이를 만난
황금이

황금이를 위해 새로운 먹이를 준비했어요.

도마뱀 등의 먹이로 사육되는 흰점박이꽃무지 유충이에요. 굼벵이라고도 하지요.

흰점박이꽃무지 유충

굼벵이에는 소고기의 세 배나 되는 단백질이 있고,

그 외에도 칼륨, 마그네슘 등 영양소가 풍부해요.

꿈틀

꿈틀

굼벵이

매미의 애벌레나 꽃무지, 풍뎅이와 같은 딱정벌레목의 애벌레를 굼벵이라고 해요. 몸통이 굵고, 다리는 세 쌍으로 대개 짧으며 몸의 앞쪽에 있어서 동작이 매우 느려요. 굼벵이는 주로 땅속에 살며, 썩은 짚 더미나 농작물을 비롯한 각종 식물의 뿌리 등을 먹어요.

하지만 굼벵이를 바로 먹이로 주면 좋지 않아요.

굼벵이의 몸속에 톱밥이 가득 차 있기 때문이에요.

꾸물

꾸물

거미나 여치는 톱밥을 먹지 않아요. 특히 사마귀의 경우, 톱밥을 잘못 먹으면 장폐색이 올 수 있으니 주의해야 해요.

GROW ☆☆☆

황닷거미
Dolomedes sulfureus

분 류	거미목 닷거미과	크 기	몸길이 약 20~28mm
먹 이	작은 곤충, 물고기	출현 시기	6월~9월
서 식 지	풀숲, 물가		

특징

주로 어두운 노란색이나 밝은 갈색을 띠지만, 색채나 무늬에 변이가 심하며 개체에 따라 몸 크기의 차이가 큰 편이다. 두 줄로 늘어서 있는 여덟 개의 홑눈이 특징인데, 앞의 옆눈이 가장 작고 뒷줄에 있는 눈이 앞줄에 있는 눈보다 크다.

대부분 여름에 성충이 되어 짝짓기를 하며, 여름부터 가을까지 산란한 후에 생을 마감한다. 산란기의 암컷은 공 모양 알 주머니를 입에 물고 다니다가 부화할 때가 가까워지면 풀 속에 그물을 치고 그곳에 알집을 보관한다. 알에서 부화한 애거미(어린 거미)는 보통 여름부터 가을까지 충분히 먹이 활동을 한 다음, 아성체(성체에 가까운 단계)로 겨울을 난다.

곤충을 좋아하면 무엇을 할 수 있을까요?

초등 과학 5-1 다양한 생물과 우리 생활

이 책을 읽는 친구들이라면 아마 곤충을 좋아하거나 적어도 곤충에 관심이 있는 사람일 거예요. 곤충을 좋아하면 곤충에 관해 더 많이 알고 싶어지고, 곤충을 가까이에서 직접 보고 싶다는 생각이 들기도 하지요. 더 나아가 어른이 된 뒤에 곤충과 관련된 직업을 가지고 싶다는 꿈을 꿀 수도 있을 거예요. 혹은 곤충 보호를 위한 여러 가지 활동에 적극적으로 참여할 수도 있겠지요.
그럼 지금부터 곤충을 좋아하는 사람들이 지구촌 곳곳에서 어떤 일을 하고 있는지 함께 알아보도록 할까요?

Q 곤충과 관련된 직업도 있나요?

A 세상에는 곤충과 관련된 일을 하는 사람이 참 많아요. 곤충과 관련된 대표적인 직업을 몇 가지 소개해 볼게요. 우선 곤충을 분류하고 곤충 생태를 연구하는 곤충학자가 있어요. 또, 곤충을 돌보고 사육하는 곤충 사육사도 있지요. 이밖에 해충을 없애는 해충 방제업자, 꿀벌을 기르는 양봉가, 농작물에 피해를 입히는 곤충에 관해 연구하는 농업 해충 연구원, 곤충과 관련된 콘텐츠를 만드는 곤충 크리에이터도 빼놓을 수 없답니다.

곤충학자

양봉가

Q 곤충을 보호하려면 어떻게 해야 하나요?

A

곤충을 보호하는 첫 번째 방법은 농약과 제초제 사용을 줄이는 거예요. 농약과 제초제는 효과가 강력하여 표적으로 삼는 해충이 아닌 곤충들까지 해치기 때문에 사용량을 줄이면 많은 곤충의 생명을 구할 수 있어요. 또, 빛 공해가 심한 대도시에서는 불빛에 이끌려 왔다가 타 죽는 곤충들도 있어요. 밤에 등불을 어둡게 하거나 끄면 불필요한 곤충의 죽음을 막을 수 있답니다. 그리고 자생 식물을 심는 것도 중요해요. 도시에 다양한 자생 식물을 많이 심으면 오랫동안 식물을 서식지와 번식지로 이용하며 살아왔던 곤충들의 삶에 큰 도움이 될 거예요.

농작물에 농약을 살포하는 농부

빛을 향해 날아드는 곤충들

흥미 팡팡 곤충 이야기

곤충 전용 호텔이 있다고?

도시의 발전, 농약 사용 증가 등의 이유로 곤충들의 보금자리가 점점 줄어들고, 곤충들의 삶이 크게 위협받고 있어요. 그래서 곤충들이 안전하게 서식할 수 있도록 사람들이 만든 공간이 바로 '곤충 호텔'이에요. 곤충 호텔은 참나무로 벽을 세운 뒤, 그 안에 여러 종류의 나뭇가지와 먹이를 채워서 만들어요. 이 호텔에는 무당벌레, 나비, 꿀벌, 잠자리 등 다양한 곤충이 살 수 있지요. 지난 2014년에는 서울시에서 곤충 호텔 수십 개를 만들어 도심 곳곳에 설치하기도 했답니다.

사마귀 vs 메뚜기!
승자는 누구?

네가 그 유명한 꼽등이?!

도전! 장구벌레 사냥!

여기가 꽃매미 맛집이래!

3장

곤충들의

사냥법

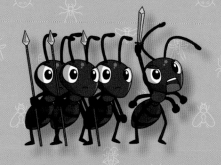

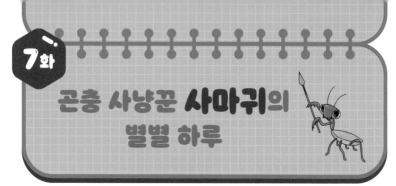

7화
곤충 사냥꾼 사마귀의 별별 하루

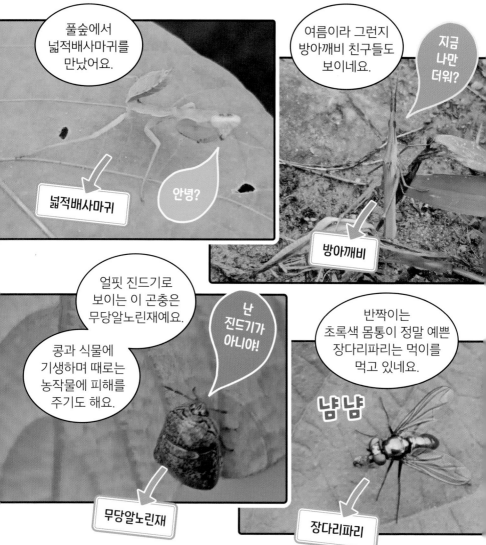

풀숲에서 넓적배사마귀를 만났어요.

넓적배사마귀

안녕?

여름이라 그런지 방아깨비 친구들도 보이네요.

지금 나만 더워?

방아깨비

얼핏 진드기로 보이는 이 곤충은 무당알노린재예요.

콩과 식물에 기생하며 때로는 농작물에 피해를 주기도 해요.

난 진드기가 아니야!

무당알노린재

반짝이는 초록색 몸통이 정말 예쁜 장다리파리는 먹이를 먹고 있네요.

냠냠

장다리파리

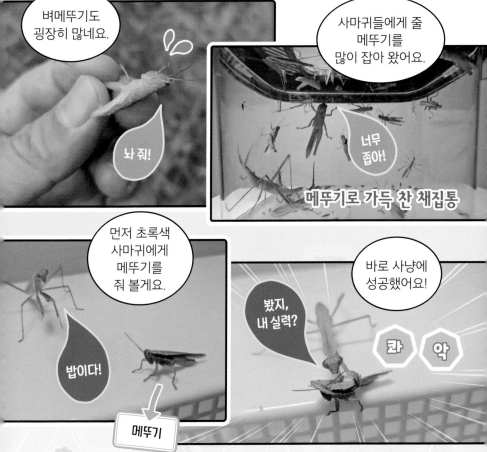

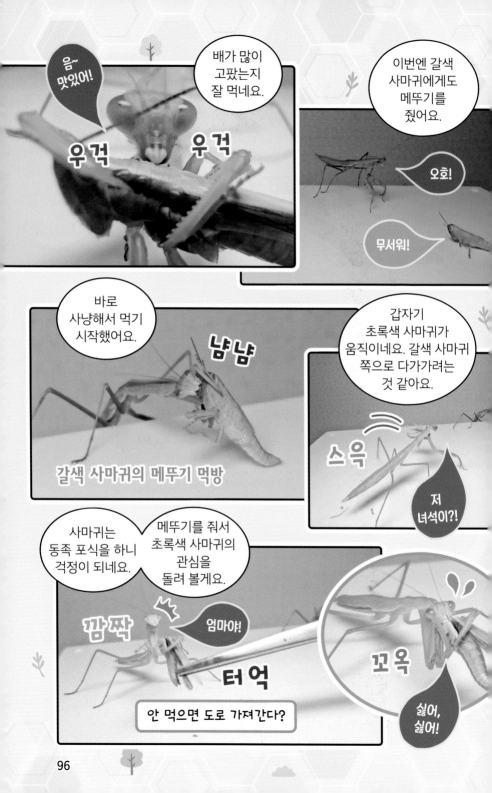

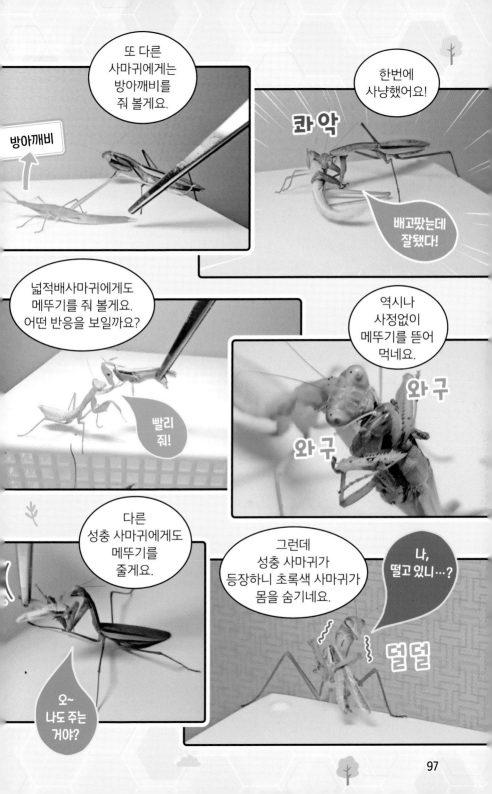

사마귀에게 꼽등이를 주면?

캄캄한 밤, 이 녀석을 만났어요.

→ 꼽등이

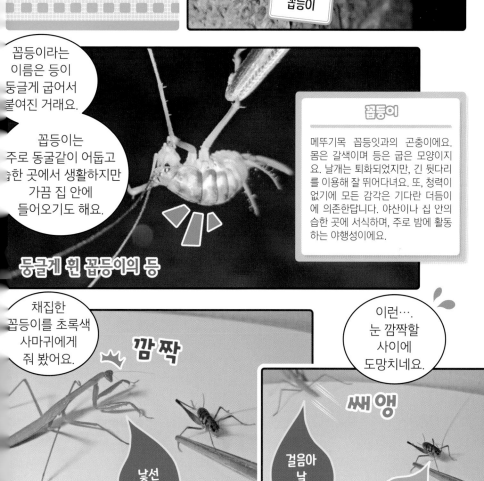

꼽등이라는 이름은 등이 둥글게 굽어서 붙여진 거래요.

꼽등이는 주로 동굴같이 어둡고 습한 곳에서 생활하지만 가끔 집 안에 들어오기도 해요.

꼽등이

메뚜기목 꼽등잇과의 곤충이에요. 몸은 갈색이며 등은 굽은 모양이지요. 날개는 퇴화되었지만, 긴 뒷다리를 이용해 잘 뛰어다녀요. 또, 청력이 없기에 모든 감각은 기다란 더듬이에 의존한답니다. 야산이나 집 안의 습한 곳에 서식하며, 주로 밤에 활동하는 야행성이에요.

둥글게 휜 꼽등이의 등

채집한 꼽등이를 초록색 사마귀에게 줘 봤어요.

깜짝

낯선 녀석이네.

이런…. 눈 깜짝할 사이에 도망치네요.

쌔앵

걸음아 날 살려라!

엥?

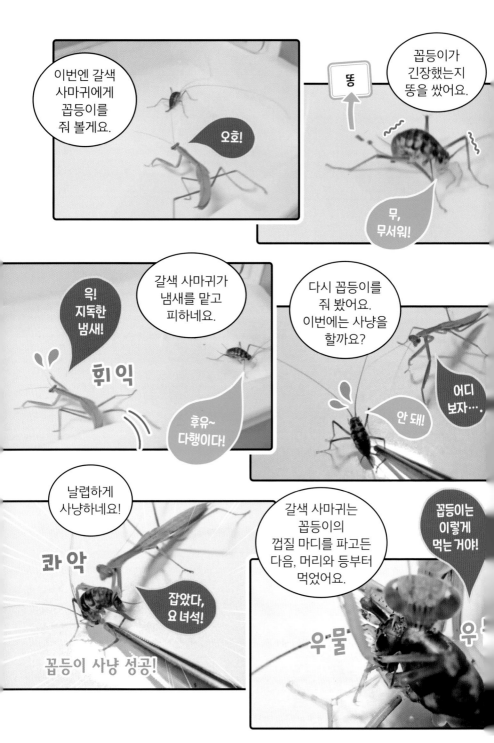

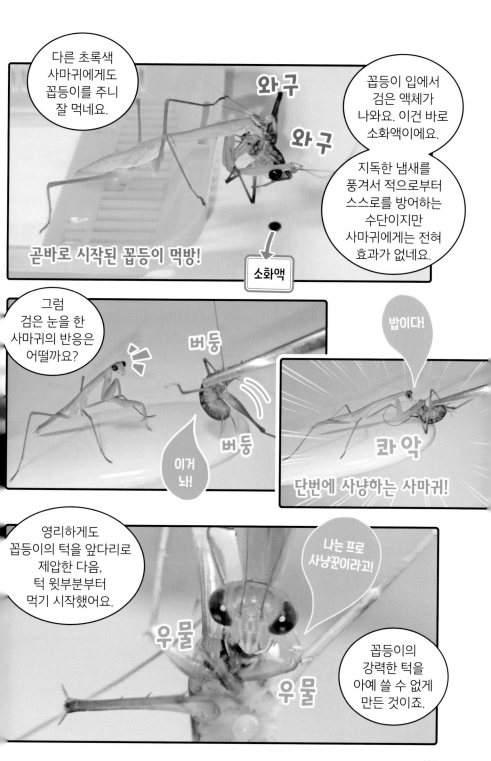

즐거운 사마귀들의 식사 시간

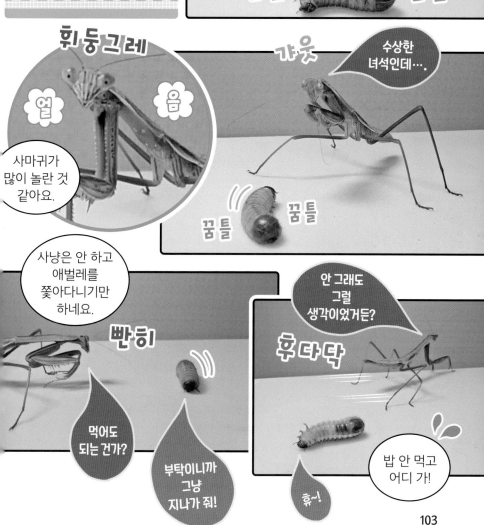

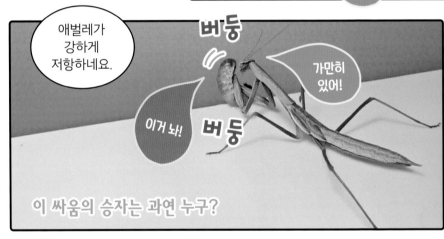

GROW ★★☆

넓적배사마귀

Hierodula patellifera

분 류	사마귀목 사마귓과	크 기	몸길이 약 40~70mm
먹 이	여러 가지 곤충	출현 시기	8월~10월
서 식 지	산지, 숲		

특징

넓적배사마귀는 약 40~70mm인 몸길이에 비해 머리와 앞다리가 크다. 몸 색깔은 대체로 초록색이고, 종종 갈색인 경우도 있다. 평균적으로 수컷의 몸길이는 약 40~65mm이고 암컷의 몸길이는 약 50~70mm로, 암컷이 수 컷보다 큰 편이다.

넓적배사마귀 유충은 배의 아랫면을 둥글게 구부려서 치켜든 뒤, 날개를 펼 쳐 배를 드러내는 자세를 취하는 것이 특징이다.

우리나라에서는 중부와 남부 지방에 서식하고, 이밖에 일본, 중국, 대만 등 지에서도 찾아볼 수 있다.

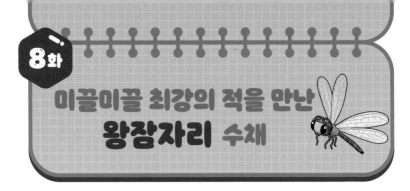

8화

미끌미끌 최강의 적을 만난
왕잠자리 수채

거머리는 사람의 피를 흡혈하는 생물이에요.

대표적인 거머리의 천적은 새와 물고기예요. 그래서 거머리는 낚시용 미끼로도 쓰여요.

나는 물속의 흡혈귀다!

꾸물 꾸물

거머리

그 외에 개구리와 도롱뇽도 거머리의 천적이라고 해요.

쭈욱

거머리는 몸의 양쪽 끝에 있는 빨판을 이용해 이동하는데 빨판의 *흡착력이 정말 대단해요.

싫어! 나 안 갈래!

미끌 미끌

거머리의 몸이 미끄러워서 계속 놓치다가 겨우 잡았어요!

* 흡착력: 어떤 물질이 다른 물질에 달라붙는 힘.

* 수채: 잠자리의 애벌레.

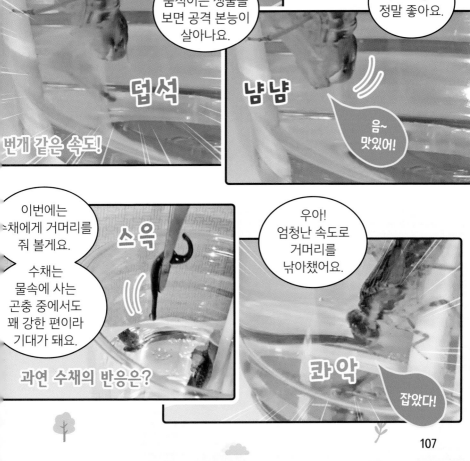

그리고는 턱을 계속 움직이면서 입을 닦아 내는 듯한 행동을 하네요.

쓱 싹
쓱 싹

으윽... 느낌이 이상해.

거머리를 잡았던 집게를 꺼내 살펴보니, 끈적끈적한 물질이 묻어 있어요.

거머리의 몸을 둘러싼 이 점액질 때문에 수채가 거머리를 붙잡지 못하는 것 같아요.

끈적   끈적

점액질

거머리의 점액질은 외부 충격으로부터 몸을 보호해요.

또, 건조한 환경에서 몸이 마르는 것을 방지하며, 거머리가 이동하는 것을 도와주지요.

꾸물

점액질이 최고야!

꾸물

거머리의 몸을 보호하는 미끌미끌한 점액질

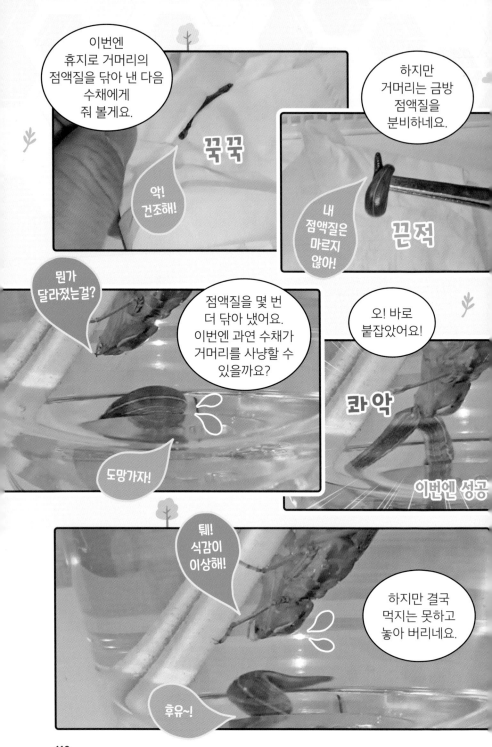

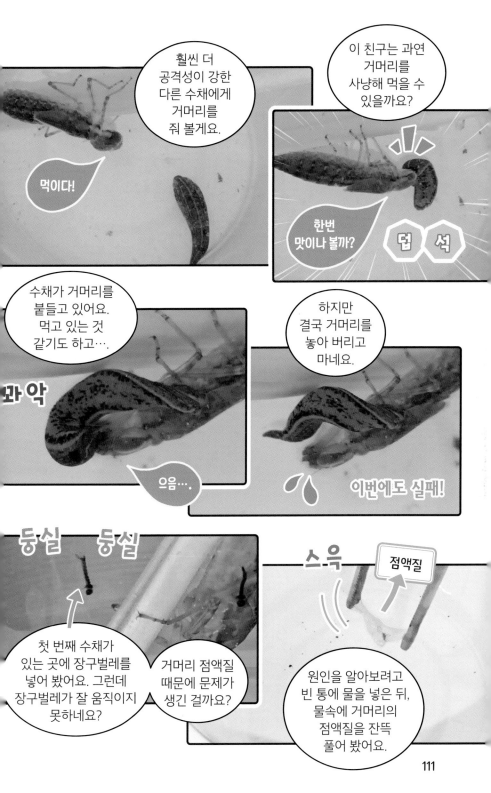

훨씬 더 공격성이 강한 다른 수채에게 거머리를 줘 볼게요.

이 친구는 과연 거머리를 사냥해 먹을 수 있을까요?

먹이다!

한번 맛이나 볼까?

덥 석

수채가 거머리를 붙들고 있어요. 먹고 있는 것 같기도 하고….

하지만 결국 거머리를 놓아 버리고 마네요.

꽈악

으음….

이번에도 실패!

둥실 둥실

첫 번째 수채가 있는 곳에 장구벌레를 넣어 봤어요. 그런데 장구벌레가 잘 움직이지 못하네요?

거머리 점액질 때문에 문제가 생긴 걸까요?

스윽

점액질

원인을 알아보려고 빈 통에 물을 넣은 뒤, 물속에 거머리의 점액질을 잔뜩 풀어 봤어요.

111

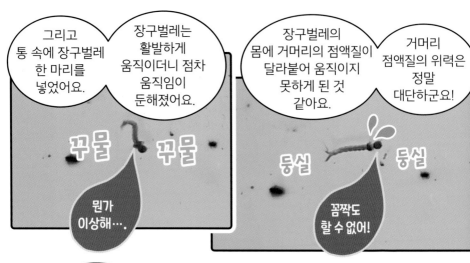

그리고 통 속에 장구벌레 한 마리를 넣었어요.

장구벌레는 활발하게 움직이더니 점차 움직임이 둔해졌어요.

장구벌레의 몸에 거머리의 점액질이 달라붙어 움직이지 못하게 된 것 같아요.

거머리 점액질의 위력은 정말 대단하군요!

꾸물 꾸물

뭔가 이상해….

둥실 둥실

꼼짝도 할 수 없어!

걱정되어 급히 수채가 살고 있는 집의 물을 갈아 줬어요.

장구벌레를 잘 먹는 걸 보니 다행히 건강한 것 같네요.

깨끗한 물이 최고야!

냠 냠

며칠 후

수채가 멋지게 우화해서 긴무늬왕잠자리가 되었어요!

긴무늬왕잠자리

잠자리의 우화

우화란 곤충이 애벌레나 번데기 같은 유충에서 다 자란 성충으로 변하는 것을 말해요. 우화 시기가 다가오면 수채는 며칠 동안 먹이를 먹지 않아요. 그리고 날개 주머니가 부풀어 오르며 겹눈이 투명해지고 호흡도 물 밖에서 생활하기 적합한 방식으로 바뀌지요. 바뀐 호흡이 적응되면 수채는 우화하기에 알맞은 풀 줄기나 나뭇가지 등 지지대를 찾아 매달린 다음, 서서히 우화를 시작한답니다.

수채
VS
장구벌레

물 밖에서 다시 만난 수채와 장구벌레!

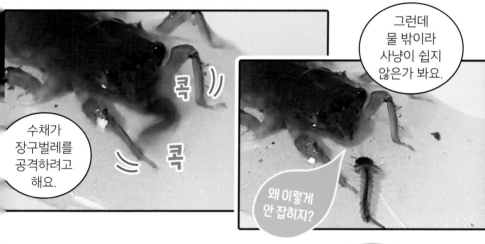

9화

천하무적 개미 전사들

여기 개미와 꽃매미가 있어요.

과연 개미는 꽃매미를 사냥할까요?

꽃매미

개미의 놀라운 힘

개미는 자그마하지만 어마어마한 힘을 가진 곤충이에요. 자기 몸무게보다 무려 30~40배나 무거운 것도 물어서 옮길 수 있다고 하지요. 간혹 힘이 모자랄 때는 다른 개미들과 협동하여 물건을 옮길 줄도 알아요. 즉, 개미는 물리적인 힘뿐만 아니라 지혜의 힘도 강한 곤충이라고 할 수 있답니다.

개미가 꽃매미 주변을 맴도네요.

어디 보자….

꽃매미를 탐색하는 개미

그러더니 꽃매미의 다리를 덥석 물었어요.

꽈악

으악! 이거 놔!

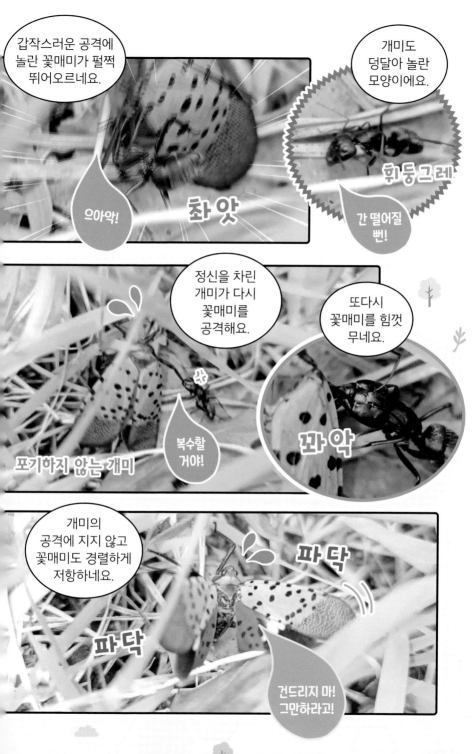

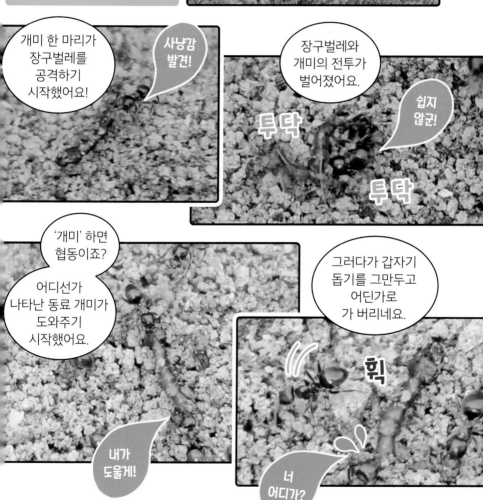

어휴~ 힘들다. 일단 배 좀 채우자.

쪽쪽

꿈틀

꿈틀

혼자 남은 개미가 힘들었는지, 옮기기를 포기하고 장구벌레의 체액을 먹기 시작했어요.

장구벌레가 꿈틀대네요. 장구벌레는 물 밖에서도 꽤 오랜 시간 동안 살 수 있어요.

잠시 후

드디어 또 다른 개미들이 장구벌레 옮기기를 도와주러 왔어요!

내가 도와줄게!

나도!

힘을 모아 함께 옮기는 개미들

오늘 저녁은 장구벌레야!

한참 후, 개미들은 장구벌레를 데리고 무사히 집으로 돌아갔답니다.

와! 신난다!

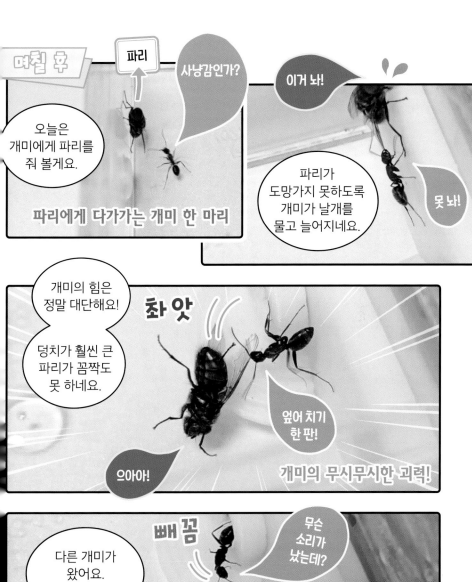

협동해서 파리를 옮기는 개미들

잘린 파리 다리

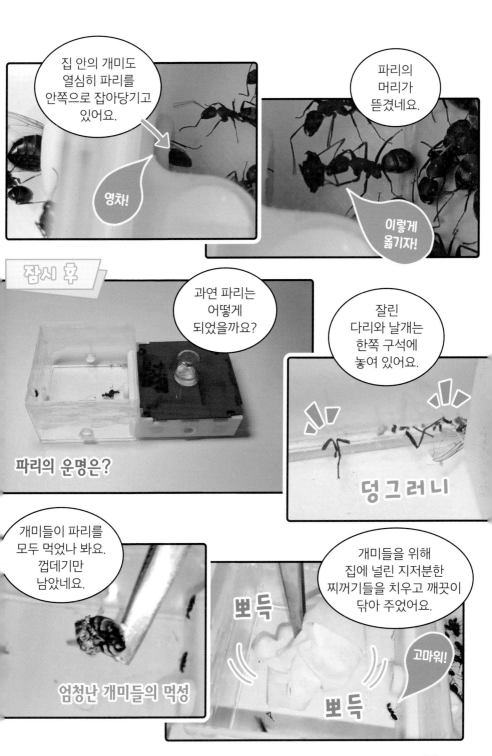

개미들의
콜라 취향
찾기

여기 두 종류의
콜라가 있어요.

오늘은
개미들이 어떤
콜라를 더 좋아하는지
알아볼게요.

한국홍가슴개미

실험에 참가할 개미는
'한홍'이라고도 불리는
한국홍가슴개미예요.
가슴 부분이 붉은색이라
이런 이름이 붙었어요.

플루온

먼저 개미들이
실험장 밖으로 나오지
못하도록 탈출 방지제인
플루온을
발라 줄게요.

꼼꼼하게
바르면 완성!

쓱쓱

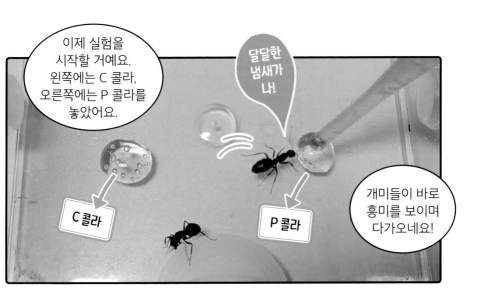
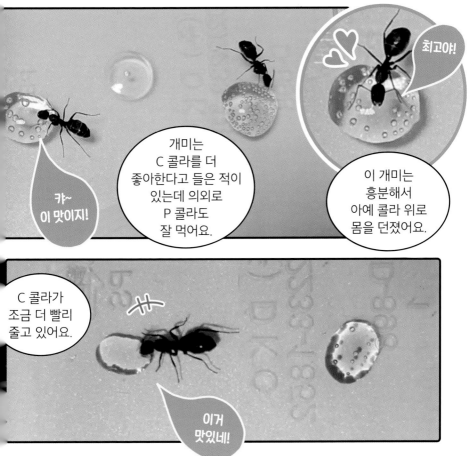

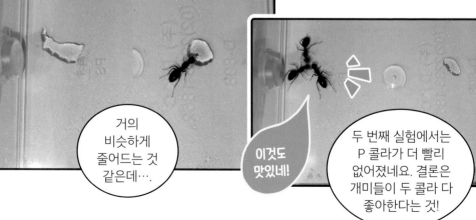

개미
Formicidae

분 류	벌목 개밋과	크 기	약 2~10mm
먹 이	과일, 꿀, 곤충 등	출현 시기	서식지에 따라 다름
서식지	땅속, 숲, 마을		

특징

개밋과에 속하는 곤충을 총칭하여 개미라고 한다. 전 세계에 분포하며, 기록된 종은 약 5천 종이지만 기록되지 않은 종을 포함하면 1만 5천 종에 달할 것으로 추정된다. 한국에는 곰개미, 가시개미, 불개미 등 120~130여 종의 개미가 있다.

개미의 활동 시기는 서식지에 따라 다르다. 열대 지역의 개미는 일년 내내 활동하는 반면 추운 지역의 개미는 겨울잠을 자며 겨울을 나기도 한다.

개미들은 해충을 잡아먹음으로써 농사에 도움을 주며, 식물의 씨앗을 널리 퍼뜨려 자연 생태계가 유지될 수 있도록 돕는 역할도 한다.

곤충은 어떻게 먹이를 구할까요?

초등 과학 3-2 동물의 생활

자연에 사는 곤충들은 각자의 방법으로 먹이를 구하며 살아가요. 먹이를 구하는 방식은 종에 따라, 그리고 각각의 곤충이 어떤 식성을 가졌는가에 따라 달라져요.

곤충들이 먹이를 구하는 가장 대표적인 방법은 사냥이에요. 하지만 사냥 외의 방법으로 먹이를 구하는 곤충들도 있답니다.

그럼 곤충들이 어떤 방법으로 먹이를 구하는지 더 자세히 알아볼까요?

Q 곤충은 어떻게 사냥을 하나요?

A 사마귀나 잠자리처럼 다른 곤충을 사냥해 잡아먹는 곤충을 '육식성 곤충' 또는 '포식성 곤충'이라고 해요. 개미처럼 식물성 먹이와 동물성 먹이를 모두 먹는 '잡식성 곤충'도 사냥을 하지요. 자연에 사는 육식성, 잡식성 곤충들은 여러 가지 방법으로 먹이를 사냥해요. 사마귀처럼 두툼한 앞다리를 휘둘러서 먹이를 사냥하는 곤충도 있고, 길앞잡이처럼 빠른 속도를 이용해 다가가 순식간에 먹이를 사냥하는 곤충도 있어요. 또, 파리매처럼 날아가는 대상을 공중에서 낚아채 사냥하거나, 개미귀신처럼 함정을 파 놓고 먹이를 사냥하는 경우도 있지요.

잠자리를 사냥하는 사마귀

유충을 사냥하는 개미

Q 사냥을 하지 않는 곤충도 있나요?

A 모든 곤충이 사냥을 하는 것은 아니에요. 식물성 먹이를 먹는 '초식성 곤충'이나 동물의 배설물 또는 썩은 동식물을 먹는 '부식성 곤충'은 사냥을 할 필요가 없지요. 초식성 곤충에는 나비와 메뚜기 등이 있어요. 나비의 경우, 유충 시기에는 주로 식물의 잎을 갉아 먹고, 성충이 되어서는 꽃의 꿀을 빨아 먹지요. 메뚜기는 주로 풀이나 곡식의 잎과 줄기를 먹고요. 한편, 부식성 곤충으로는 소똥구리, 송장벌레 등을 들 수 있어요. 소똥구리는 소, 말 등 초식 동물의 똥 속에 있는 박테리아나 찌꺼기에서 영양분을 얻고, 송장벌레는 죽은 곤충의 사체를 먹는답니다.

꽃꿀을 먹는 나비

곤충의 사체를 먹는 송장벌레

> 흥미 팡팡 곤충 이야기

곤충이 농사를 짓는다고?

사람만 농사를 짓는 게 아니에요. 곤충 중에는 심지어 사람보다 더 일찍 농사를 짓기 시작한 곤충도 있답니다. 그 주인공은 바로 '흰개미'예요. 흰개미 중 일부 종은 수천만 년 전부터 농사를 지었다고 해요. 흰개미들은 주로 균류 농사를 짓는데, 균류는 곰팡이, 버섯처럼 광합성을 하지 않은 생물을 말해요. 흰개미들은 개미집 안에 나무 조각, 나뭇잎 같은 것들을 쌓아 놓고 똥과 섞은 뒤, 밭을 만들어 농사를 지어요. 그리고 그렇게 키운 균류를 자신들의 먹이로 삼는답니다.

밤에 구멍이 난 이유는?

메추리알에 수상한 것들이 득실거린다!

고추에 붙은 곤충의 정체는?

번데기에게 무슨 일이 생긴 걸까?

4장

돌발!
깜짝 등장한 곤충들

10화

음식 속에 곤충이 산다고?

시골의 비닐하우스에 왔어요.

이건 오이꽃이에요. 작은 호박꽃같이 생겼죠?

오이꽃

고추나무에 고추가 많이 열렸네요!

그런데 고추에 뭔가 이상한 게 보여요.

고추

벌레 한 마리가 고추를 파먹고 있었군요.

냠냠

아삭하니 맛있다!

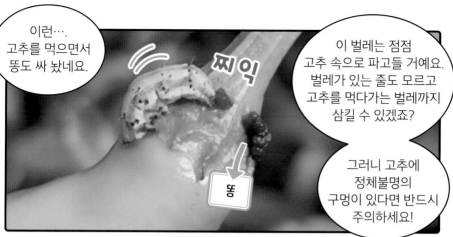

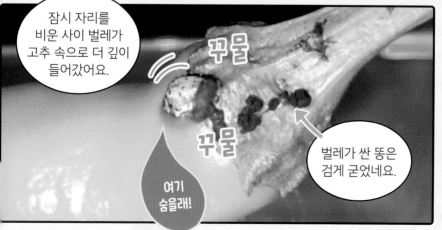

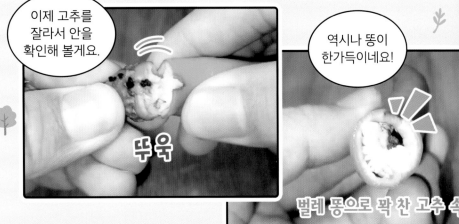

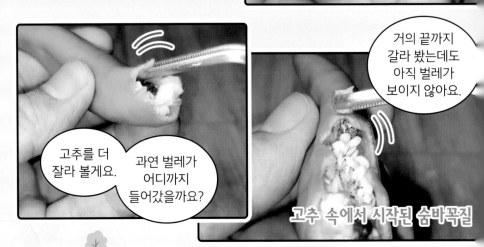

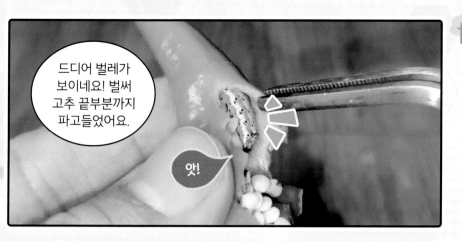

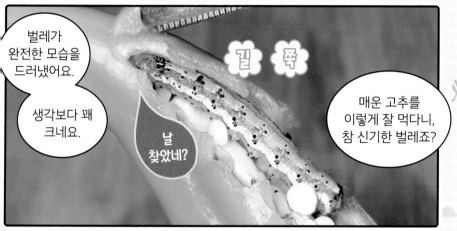

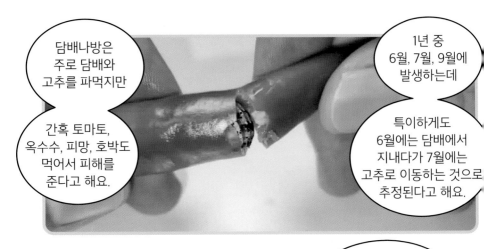

담배나방은 주로 담배와 고추를 파먹지만

1년 중 6월, 7월, 9월에 발생하는데

간혹 토마토, 옥수수, 피망, 호박도 먹어서 피해를 준다고 해요.

특이하게도 6월에는 담배에서 지내다가 7월에는 고추로 이동하는 것으로 추정된다고 해요.

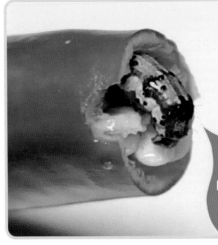

담배나방 성충 한 마리는 평균 300~400개의 알을 낳는데 많이 낳는 개체는 알을 무려 700개나 낳기도 한다고 해요.

또, 흥미로운 점은 주변 환경에 따라 몸 색깔이 황록색, 초록색, 갈색 등으로 변한다는 거예요.

내가 이렇게 대단한 곤충이라고!

이 담배나방 애벌레를 어떻게 하면 좋을까요?

목숨만 살려 줘!

사마귀 키키에게 농작물에 피해를 입히는 담배나방 애벌레를 퇴치해 달라고 부탁했어요.

정말 못된 녀석이잖아?

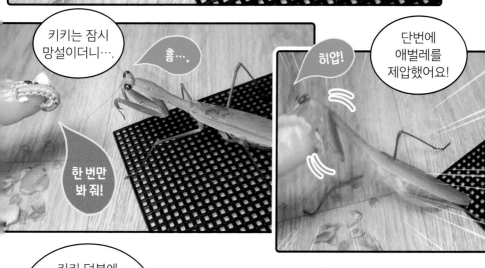

키키는 잠시 망설이더니….

흠….

한 번만 봐 줘!

히얍!

단번에 애벌레를 제압했어요!

키키 덕분에 무사히 담배나방 애벌레를 물리쳤네요! 키키야, 고마워!

와구

좀 매콤한걸?

와구

담배나방 애벌레로 포식하는 키키

밤을
좋아하는
벌레

밤송이

밤을 수확할 때가 됐어요. 잘 익은 밤은 이렇게 밤송이가 벌어져 있답니다.

그럼 밤송이를 까 볼까요?

꾸욱

밤송이는 이렇게 바닥에 놓고 양쪽 발로 끝을 눌러 주면 쉽게 까져요.

꾸욱

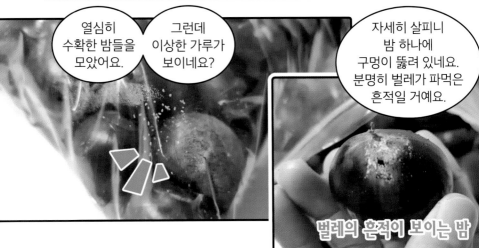

열심히 수확한 밤들을 모았어요.

그런데 이상한 가루가 보이네요?

자세히 살피니 밤 하나에 구멍이 뚫려 있네요. 분명히 벌레가 파먹은 흔적일 거예요.

벌레의 흔적이 보이는 밤

밤을 뜯어보니 벌레가 지나간 구멍이 보여요.

밤을 반으로 잘라 봤어요. 벌레가 들어온 지 얼마 되지 않았나 봐요. 속이 깨끗하네요.

아직 썩지 않고 깨끗한 반

벌레가 파 놓은 길을 따라 벌레를 추적해 봤어요.

밤 속 벌레를 찾아서!

벌레가 뒤로 탈출을 시도하네요!

영차 영차

응?!

깜짝이야!

으악! 벌레가 제 손에 떨어졌어요.

나 여깄어!

깜짝 놀란 제발돼

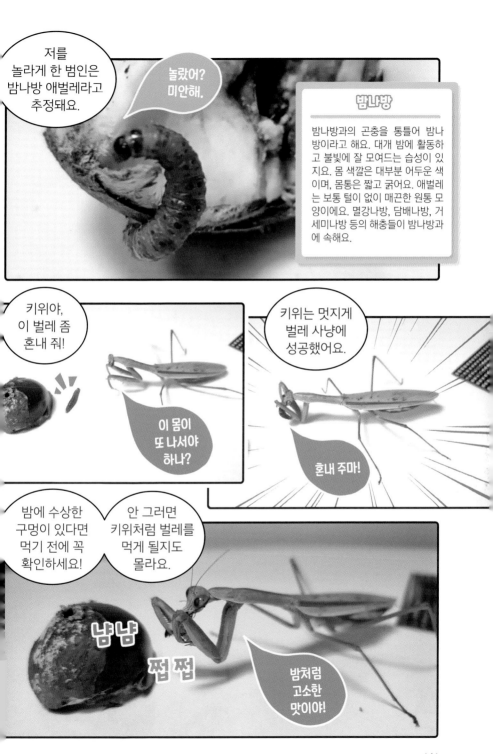

메추리알 속
벌레의 정체

메추리알은 반드시 냉장 보관해야 해요.

그런데 날씨가 선선해서 며칠 부엌에 뒀더니….

메추리알 주변에 이상한 것들이 잔뜩 생겼네요.

꾸물

꾸물

꾸물

메추리알 위를 기어다니는 것의 정체는?

갈색 덩어리가 보여요.

메추리알에 무슨 일이 생긴 걸까요?

수상한 갈색 덩어리

포장을 살짝 뜯어 볼게요.

조심

조심

뚜껑을 열었더니
벌레들이 빠르게
달아나요!

도망쳐!

메추리알을 하나
들어 올렸어요.
꽤 큼지막한 벌레도
보이네요.

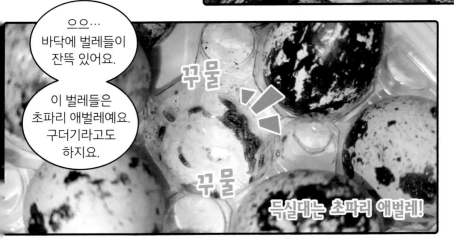

으으…
바닥에 벌레들이
잔뜩 있어요.

이 벌레들은
초파리 애벌레예요.
구더기라고도
하지요.

꾸물

꾸물

득실대는 초파리 애벌레!

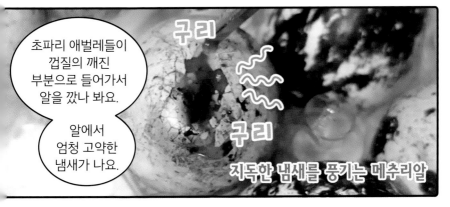

구리

초파리 애벌레들이
껍질의 깨진
부분으로 들어가서
알을 깠나 봐요.

알에서
엄청 고약한
냄새가 나요.

구리

지독한 냄새를 풍기는 메추리알

초파리는 성충이 되고 여덟 시간 만에 짝짓기를 할 정도로 번식력이 어마어마한 곤충이에요.

짝짓기 후에는 2일 만에 알을 낳고, 1~2일 후 알이 부화하죠.

초파리는 한 번에 알을 약 400개까지 낳기 때문에 집에 생긴 초파리를 방치하면 금방 온 집 안이 초파리로 가득찰 수 있어요.

바글

바글

초파리 애벌레는 성장하며 5일 동안 두 번의 탈피를 해요.

그 후에 좁쌀 같은 모양의 번데기가 되고 약 일주일이 지나면 번데기에서 나와 성충 초파리가 되지요.

초파리는 번식력이 뛰어나서 연구 재료로도 많이 쓰여!

이 벌레들은 번데기가 될 준비를 하고 있는 것 같아요.

즉, 7~10일 전쯤 초파리가 이곳에 알을 낳았다고 볼 수 있지요.

메추리알이나 달걀에 조금이라도 깨진 부분이 있으면 초파리들이 언제든지 알을 낳을 수 있어요.

그러니 이런 음식은 반드시 냉장실에 보관하세요!

우리는 상한 음식을 좋아해!

초파리
Drosophilidae

분 류	파리목 초파릿과	크 기	약 2~5mm
먹 이	상한 과일, 채소 등	출현 시기	1월~12월
서 식 지	썩은 유기물이 쌓여 있는 곳		

특징

파리목 초파릿과 곤충을 총칭해서 초파리라고 한다. 전 세계에 약 65속, 3천 종의 초파릿과 곤충이 있는 것으로 알려져 있다.

초파리의 몸은 머리, 가슴, 배로 나뉘며, 다리는 여섯 개이다. 앞날개는 발달했으나 뒷날개가 퇴화되었다는 특징을 가졌다. 겹눈은 붉은빛을 띠는 경우가 많고, 몸 색깔은 노란색, 검은색, 갈색 등 다양한 편이다. 대부분 수컷보다 암컷이 크다. 후각이 매우 발달해서 수십 미터 밖의 냄새까지 맡을 수 있다.

수명이 짧고 알을 많이 낳아서 생물학 분야, 특히 유전학에서 연구 재료로 많이 이용된다.

11화 나비 번데기 속 불청객의 정체는?

애벌레는
이 노란 뿔을 세워서
고약한 냄새를 풍겨요.
천적으로부터 몸을
보호하기 위한 일종의
방어 행동이죠.

냄새 공격!

앗! 사마귀가
나비를 사냥해
먹고 있네요.

제비나비처럼
보이는데,
알을 낳으러 왔다가
봉변을 당한 것
같아요.

냠 냠

아름답고도 무서운 자연의 세계!

여기저기에
나비 번데기가 남긴
허물이 보여요.

허물

그런데
무언가 이상해 보이는
번데기들이 있네요.
이 번데기들을 집으로
가져가서 관찰해
볼게요.

번데기에 무슨 문제가?

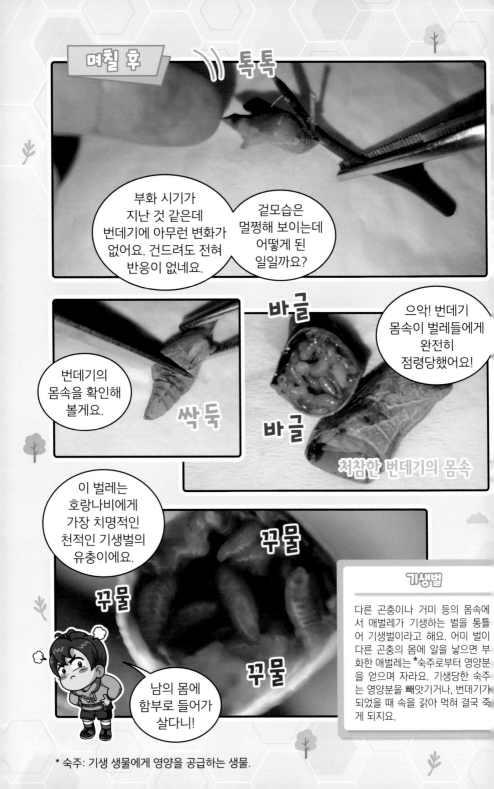

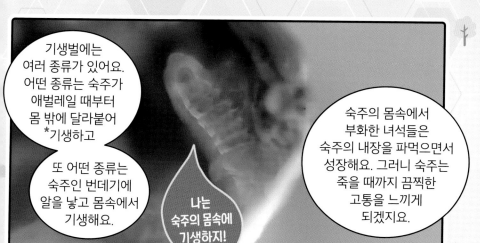

기생벌에는 여러 종류가 있어요. 어떤 종류는 숙주가 애벌레일 때부터 몸 밖에 달라붙어 *기생하고

또 어떤 종류는 숙주인 번데기에 알을 낳고 몸속에서 기생해요.

나는 숙주의 몸속에 기생하지!

숙주의 몸속에서 부화한 녀석들은 숙주의 내장을 파먹으면서 성장해요. 그러니 숙주는 죽을 때까지 끔찍한 고통을 느끼게 되겠지요.

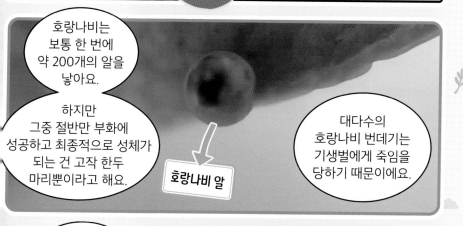

호랑나비는 보통 한 번에 약 200개의 알을 낳아요.

하지만 그중 절반만 부화에 성공하고 최종적으로 성체가 되는 건 고작 한두 마리뿐이라고 해요.

호랑나비 알

대다수의 호랑나비 번데기는 기생벌에게 죽임을 당하기 때문이에요.

이 끔찍한 기생벌 유충들을 어떻게 하면 좋을까요?

칙

칙

꿈틀 꿈틀

살충제가 없어서 일단 기생벌 유충들에게 모기 기피제를 뿌려 봤어요.

악! 이게 뭐야!

* 기생: 다른 동물이나 식물에 붙어서 영양분을 빼앗아 먹으며 살아감.

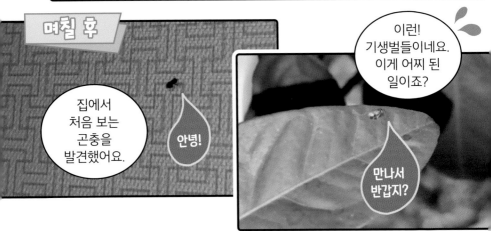

기생벌의
습격

집 안 곳곳을
기생벌들에게
점령당하고
말았어요.

휙

휙

파리채

파리채로 기생벌 퇴치 중

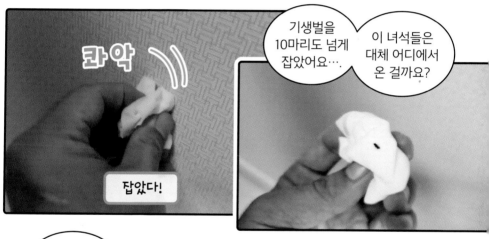

콰악

기생벌을
10마리도 넘게
잡았어요….

이 녀석들은
대체 어디에서
온 걸까요?

잡았다!

먼저 번데기를
확인했어요.

으악!

성충이 된
기생벌들이
번데기에서 나오고
있었네요!

분주하게 돌아다니는 기생벌들

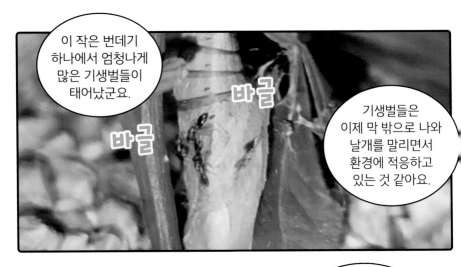

이 작은 번데기 하나에서 엄청나게 많은 기생벌들이 태어났군요.

기생벌들은 이제 막 밖으로 나와 날개를 말리면서 환경에 적응하고 있는 것 같아요.

너도 얼른 나와!

번데기 가운데에 있는 작은 구멍이 보이죠? 이 구멍으로 기생벌들이 나오고 있어요.

아직도 번데기 안에 기생벌이 많이 있는 것 같아요.

우르르 쏟아져 나오는 기생벌들

기생벌을 확대해서 관찰해 볼게요. 도망가지 못하게 모기 기피제를 살짝 뿌렸어요.

가까이서 보니 머리가 푸르스름한 게 생각보다 귀여운 것 같아요.

내가 귀엽다고?

기생벌의 크기는 3~4mm 정도로 매우 작아요.

기생벌의 번식력은 대단해요. 숙주의 몸에서 성체가 되어 나오자마자 짝짓기를 시작하죠.

기생벌은 무시무시한 기생 곤충이구나.

내가 좀 엄청나!

미안하지만 어쩔 수 없어.

번데기는 아무런 반항도 하지 못하고 기생벌에게 희생당하고 말았어요.

기생벌의 습격을 받은 번데기의 속은 텅 비었네요.

다른 곤충에게 피해를 입히며 살아가는 방식 때문에 기생벌이 혐오스럽게 느껴질 수 있어요.

하지만 기생벌은 나방이나 진드기 같은 해충은 물론, 바퀴벌레의 몸에도 산란을 하기 때문에 *해충 방제에 큰 도움을 주기도 한답니다.

때로는 도움이 되기도 하는 기생벌

*해충 방제: 농작물에 피해를 주는 해충을 직간접적으로 예방하거나 없애는 일.

12화

달팽이를 위협하는 침입자

아삭

아삭

너무 맛있어!

제가 키우는 달팽이들이에요. 당근과 상추를 정말 좋아한답니다.

당근을 먹은 날에는 주황색 똥을 누고,

주황

주황

상추를 먹은 날에는 초록색 똥을 누지요.

초록

초록

두 달팽이가 알을 낳았어요.

달팽이 알은 키워 본 적 없지만 열심히 키워 볼게요.

동글

동글

귀여운 달팽이의 알

며칠 뒤

꿈틀

꿈틀

방금 태어났어!

작고 귀여운 달팽이들이 태어났어요.

새끼 달팽이들에게 상추와 사료를 잔뜩 먹이며 잘 돌봐 줘야겠어요.

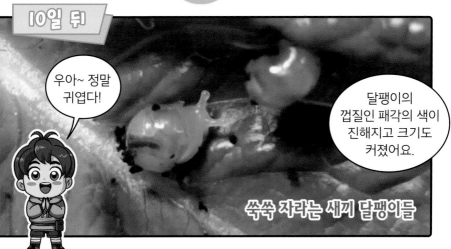

10일 뒤

우아~ 정말 귀엽다!

달팽이의 껍질인 패각의 색이 진해지고 크기도 커졌어요.

쑥쑥 자라는 새끼 달팽이들

156

살아남은 달팽이는 겨우 일곱 마리예요….

나머지는 감염이 의심되거나 이미 세상을 떠났어요.

달팽이들이 불쌍해….

이 하얀 벌레들이 달팽이에게 붙어서 몸을 갉아 먹은 것 같아요.

확대 렌즈로 살펴볼게요.

벌레가 너무 작아서 초점 맞추는 것도 어렵네요.

톡토기 같은데 정확하지는 않아요.

넌 누구니?

톡토기

톡토기의 몸길이는 1.5mm 정도이고, 형태는 공 모양이에요. 몸 색은 어두운 자주색이며 주황색의 작은 점 또는 무늬가 줄지어 있지요. 겨잣과 채소나 토마토 등에 자주 나타나는 해충이며 한국, 일본 등지에 분포해요.

이번엔 감염된 달팽이 속을 확인해 볼게요.

움직이는 벌레들이 보이죠? 확대해서 커 보이지만 실제로는 엄청나게 작아요.

꾸물 꾸물 꾸물

그래서 잘 발견되지 않고, 퇴치하기도 매우 어렵죠.

바닥에서도 뭔가 움직이고 있어요.

아까 본 벌레의 유충이거나 또 다른 기생 곤충 같아요.

손 세정제를 사용해서 벌레들을 퇴치해 볼게요.

 꿈틀 꿈틀

투명한 실 같은 것이 꿈틀대는 중

손 세정제

칙칙

받아랏!

벌레

위험을 느끼고 빠르게 도망가네요.

살려 줘!

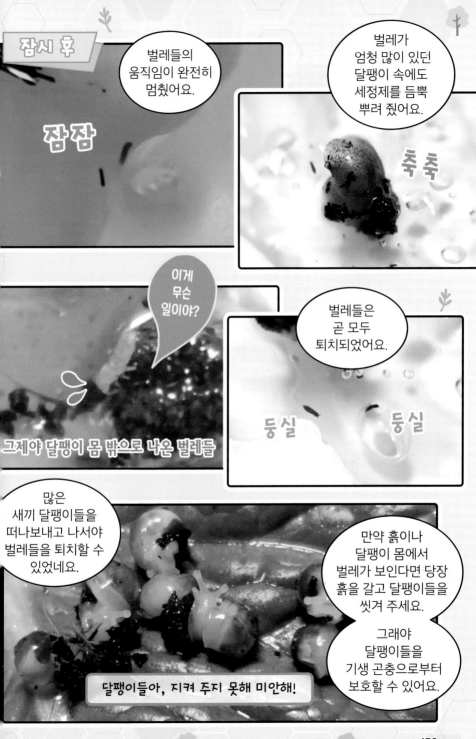

응애의
등장

달팽이
몸속에 있었던
벌레의 정체는
톡토기였어요.

하지만
톡토기들은
달팽이에게 해를
끼치지 않아요.

그렇다면
불쌍한 달팽이들을
죽인 벌레는 대체
뭘까요?

원인을
찾고 말 거야!

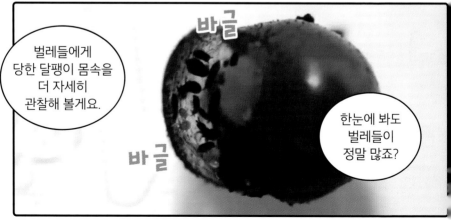

벌레들에게
당한 달팽이 몸속을
더 자세히
관찰해 볼게요.

바글

바글

한눈에 봐도
벌레들이
정말 많죠?

작고 투명해서 찾기 힘든 응애

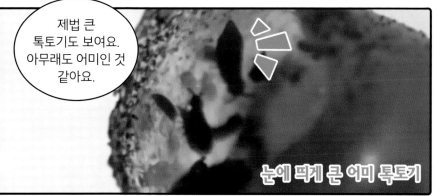

눈에 띄게 큰 어미 톡토기

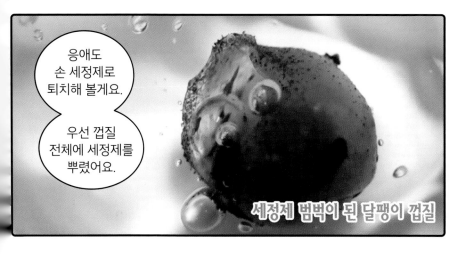

세정제 범벅이 된 달팽이 껍질

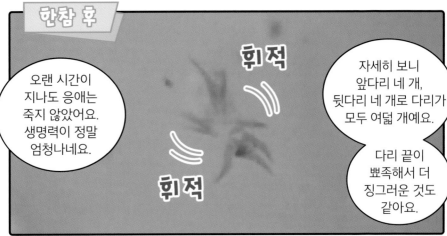

응애
Tetranychidae

분　류	거미강 진드기목	크　기	약 1~2mm
먹　이	식물의 즙, 동물의 피 등	출현 시기	3월~8월
서 식 지	유기체, 사막, 고산, 동굴, 바다 등		

특징

거미강 진드기목 중 후기문아목을 제외한 거미류를 통틀어 응애라고 한다. 몸이 두 부분으로 나뉘는 다른 거미류와 달리 머리, 가슴, 배가 한 덩어리로 되어 있다. 거미처럼 네 쌍의 다리가 있지만, 유충 기간에는 세 쌍의 다리를 가지는 경우도 많다. 몸 색깔은 노란색, 갈색, 붉은색 등 다양하다.

일부는 식물질을 분해하여 생태계에서 영양 물질이 순환할 수 있도록 하고, 인간에게 해로운 생물을 잡아먹어 인간 생활에 도움을 주기도 한다. 그러나 농작물이나 가축에 기생하여 손해를 끼치는 경우가 많아 농업 해충으로 분류된다. 주로 봄, 여름에 나타나지만 환경에 따라 가을, 겨울에도 출현할 수 있다.

제발돼라　지식 쑥쑥 곤충 사전　Q & A

기생 곤충이란 무엇일까요?

초등 과학 3-2 동물의 생활

다른 동물이나 식물에 붙어서 영양분을 빼앗아 먹으며 살아가거나 남에게 의지하여 해를 끼치며 생활하는 것을 '기생'이라고 해요. 즉, 기생하며 살아가는 곤충을 기생 곤충이라고 하지요. 기생 곤충은 다른 쪽에 해를 끼치니 나쁜 곤충이라는 생각이 들 수도 있어요. 하지만 기생 곤충들도 나름대로 생태계가 균형 잡힌 상태로 건강하게 유지될 수 있도록 돕는 역할을 한답니다. 그럼 생태계의 일부를 이루는 기생 곤충에 관해 조금 더 자세히 알아볼까요?

Q 기생 곤충은 어떻게 분류할 수 있나요?

A 기생 곤충은 크게 두 가지로 나눌 수 있어요. 첫 번째는 숙주(기생 생물에게 영양을 공급하는 생물)의 몸 안에서 기생하는 기생 곤충이에요. 여기에 속하는 곤충들은 숙주의 몸속에 들어가 숙주의 체액이나 조직을 섭취하며 영양분을 얻는데, 숙주의 건강을 크게 해치거나 숙주의 목숨을 빼앗아 가기도 해요. 기생벌, 기생파리 등이 여기에 속해요. 두 번째는 숙주의 몸 밖에서 기생하는 기생 곤충이에요. 주로 숙주의 몸 밖에 붙어 피나 각질 등을 먹으며 영양분을 얻기 때문에 숙주의 몸 안에서 기생하는 곤충보다는 숙주의 건강에 영향을 덜 끼쳐요. 쇠파리, 벼룩 등이 여기에 속해요.

기생파리

벼룩

Q 사람에게 기생하는 곤충도 있나요?

곤충이나 동물뿐만 아니라 사람에게도 기생하는 기생 곤충이 여럿 있어요. 사람의 피를 빨아 먹는 벼룩이나 모기, 두피에 기생하며 머리카락에 알을 낳는 이 등이 대표적이지요. 기생 곤충에 피해를 입지 않으려면 자주 씻고, 깨끗한 환경을 유지해야 해요. 기생 곤충이 나타날 수 있는 상황에서는 방충제를 사용하는 게 좋지요. 또, 기생 곤충에게 피해를 입어 증상이 심각한 경우에는 즉시 병원에 가서 치료를 받아야 해요.

모기

이

흥미 팡팡 곤충 이야기

곤충의 뇌를 조종하는 기생 생물?

곤충의 몸에 기생하다가 산란기가 되면 숙주 곤충의 뇌를 조종해 죽음에 이르게 하는 무시무시한 생물이 있어요. 바로 '연가시'예요. 연가시는 긴 철사처럼 생긴 생물인데, 물속에서 부화한 뒤, 유충 시기에 숙주인 사마귀, 메뚜기 등의 몸에 들어가 성장해요. 그리고 성충이 될 때쯤 숙주의 행동을 조종해서 물속으로 들어가게 유도하지요. 그렇게 숙주가 물속에 들어가면 연가시는 숙주의 몸을 떠나 물속에서 번식한답니다. 숙주의 뇌를 조종해 물에 빠지게 만들다니, 정말 무서운 생물이죠?

위태위태 멸종 위기 곤충들

기후 위기, 환경 오염 같은 문제로 수많은 곤충이 사라질 위기에 놓여 있어요. 어떤 곤충들이 멸종 위기에 처했는지 함께 알아봐요.

비단벌레

몸길이 약 30~40mm의 비단벌렛과 곤충이에요. 몸은 금속성 광택을 지닌 초록색이지요. 고대부터 성충의 초록빛 딱지날개가 장식물로 이용되었다고 해요. 화려한 몸 색깔 때문에 무분별하게 채집되었으며, 서식지가 많이 사라지면서 개체 수가 줄어들었어요.

상제나비

날개를 편 길이는 약 52~59mm이며, 날개의 윗면과 아랫면 모두 흰색이고 옅은 회색 털로 덮여 있어요. 날개를 펼친 모습이 마치 흰옷을 입은 것 같아서, 흰옷을 입고 상을 치르는 사람에 빗대어 상제나비라는 이름이 붙었다고 해요. 개체 수가 줄어든 가장 큰 이유는 서식지 파괴와 남획이에요. 또, 지구 온난화로 우리나라 중부 이남 지방에서는 더 이상 볼 수 없다고 해요.

장수하늘소

몸길이는 수컷이 약 85~120mm, 암컷은 약 65~85mm예요. 수컷의 큰턱은 사슴뿔 모양으로 굵고 길며, 암컷의 큰턱은 작아요. 몸은 황갈색 또는 흑갈색을 띠며, 짧은 황색 털로 덮여 있어요. 개체 수가 줄어든 주된 이유는 기후 변화, 개발로 인한 서식지 감소와 남획이에요.

곤충들의 멸종을 막으려면 어떻게 해야 할까?

대모잠자리

배 길이는 약 24~31mm, 뒷날개 길이는 약 30~34mm예요. 암컷이 수컷보다 작아요. 몸은 갈색인데 몸 전체에 가는 털이 많아요. 날개에 두드러지는 갈색 점무늬가 특징이에요. 주로 수생 식물이 많고 유기질이 풍부한 연못이나 습지에 사는데, 개발로 인해 많은 습지가 매립되면서 서식지가 훼손되어 개체 수가 크게 줄었어요.

소똥구리

몸길이는 약 10~16mm이고, 등판은 검은색의 편평한 오각형 모양이에요. 먹이가 되는 동물의 똥을 굴려서 땅속에 있는 자신의 굴로 가져가 알을 낳아요. 똥을 분해하여 토양을 정화시키는 역할을 하지요. 개체 수가 줄어든 원인은 가축 방목의 감소, 무분별한 농약 사용, 환경 오염 등이랍니다.

물방개

몸길이는 약 35~40mm로, 긴 타원형 몸체를 가지고 있어요. 완전 탈바꿈을 하는 수생 곤충으로, 하천이나 연못, 늪지 등 수초가 많은 곳에서 생활해요. 수면에서 딱지날개 끝부분에 공기를 저장하여 만든 공기 방울을 이용해 물속에서 호흡하는 것이 특징이에요. 농약 사용과 환경 오염으로 개체 수가 줄어들었어요.

아래 보기를 잘 읽고, 빈칸을 채워 가로 세로 퍼즐을 완성해 보세요.

① ② ③ ④ ⑤ ⑥

가로 열쇠

② 다른 동물이나 식물에 붙어서 영양분을 빼앗아 먹으며 살아가는 곤충.

⑥ 금속성 광택을 지닌 초록색 몸을 가진 곤충으로, 멸종 위기종이다.

세로 열쇠

① 이 곤충의 암컷은 동물의 피를 빨아 먹으며, 이것의 애벌레를 장구벌레라고 한다.

③ 곤충들이 안전하게 서식할 수 있도록 사람들이 만든 공간. 참나무로 벽을 세우고 그 안에 여러 종류의 나뭇가지와 먹이를 채운다.

④ 날개를 펼친 모습이 흰옷을 입은 것처럼 보이는 나비로, 멸종 위기종이다.

⑤ 말벌과에 속한 벌 중 하나로, 장수말벌과 비슷하게 생겼지만 크기가 약간 작다.

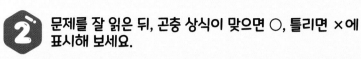

2 문제를 잘 읽은 뒤, 곤충 상식이 맞으면 ○, 틀리면 ×에 표시해 보세요.

① '탈피'는 곤충류가 자라면서 허물이나 껍질을 벗는 것이다. ○ ✕

② 암컷 여치는 짝짓기를 위해 두 날개를 비벼 소리를 낸다. ○ ✕

③ 벼룩은 사람의 두피에 기생하며 머리카락에 알을 낳는다. ○ ✕

④ 응애는 거미처럼 네 쌍의 다리를 가지고 있다. ○ ✕

⑤ 동물의 배설물이나 썩은 동식물을 먹는 곤충은 '부식성 곤충'이다. ○ ✕

3 문제를 잘 읽은 뒤, 빈칸에 핵심 단어를 써 보세요.

① □□□□는 곤충을 분류하고 곤충 생태를 연구하는 일을 하는 사람이다.

② 어떤 동물 개체가 자신과 동일한 종의 동물 개체를 먹이로 잡아먹는 것을 □□ □□이라고 한다.

초등 필수템 수학을 마스터하는 특별한 방법!

무한의 계단을
수학 학습 만화로 만나다!

책 속 특별 부록

텅 빈 해왕성에서 목격한 SOS 신호! 대체 이곳에서 무슨 일이 있었던 걸까?

미스터리 해... 수학 실력 점... 수학여행... 한번에 해결...

초등 필수템 수학과 친해지는 특별한 방법

① 재미와 지식을 모두 잡은 본격 수학 학습 만화!

② 초등 필수 수학 개념 완벽 정리!

③ 지식의 폭을 넓히는 융합 수학 이야기 수록!

문의 전화 : (02)791-0708

서울문...

시끌벅적한 하루에도 언제나 사랑 넘치는
모카와 토피의 육아 분담 일상 이야기!
지금 바로 사랑스런 사둥이와 오둥이를 만나 보세요!

미리 보기

값 14,000원   문의 02-791-0752   **서울문화사**

넓은 바다를 건너온 모카우유의 시끌벅적 한국 생활 적응기!
새롭고 신나는 일상 속으로 함께 떠나요★

귀염뽀짝한
특별 엽서
2장!

○ 책 미리 맛보기

귀여움 한도 초과!
모카우유를 꼭 만나 보세요!

문의 (02)791-0752   서울문화사

정답

1 ① 모기　② 기생 곤충　③ 곤충 호텔
④ 상제나비　⑤ 꼬마장수말벌　⑥ 비단벌레

2 ① ○　② ×　③ ×　④ ○　⑤ ○

3 ① 곤충학자　② 동족 포식